“緑のダム”の保続

――日本の森林を憂う

藤原 信 著

緑風出版

＊カバー・扉写真提供＝稗田一俊©（北海道・砂蘭部川）

〝緑のダム〟の保続――日本の森林を憂う◉目次

はじめに

日本の森林は荒廃の一途を辿っている。このまま放置すれば、数十年後にはもはや取り返しのつかない事態になるだろう。森林のもつ公益的機能を再認識し、森林を保続するため、ヤマにヒトとカネを注ぎ込まなくてはならない。本書がそのための一助となることを期待する。

「保続」(Nachhaltigkeit・Sustain)とは、林学上の用語で、「森林における収穫を連年均等的にかつ永久に保持する」ということで、「永続・持続」の意である。いまは一般的に「持続」という言葉が使われているが、「Sustainable Development」を「持続可能な開発」というときに用いられていて、「持続」というと「開発」をイメージしてしまう。本書では林学の専門用語である「保続」という用語を使用する。

本書は、まず日本の森林・林業について展望し、戦後六〇年間、林野庁がとった森林・林業政策を検証する。

日本の森林、特に国有林をいまのような荒廃に導き、林業を衰退させた元凶は、「森林経理学に別れを告げて」として、「保続原則」を軽視し、収益性・経済性を追い求めた林野庁の若手技官の暴走にあり、それに歯止めをかけられなかった林学研究者の責任でもある。

森林経理学論争の検証を通じてそのことを明らかにしたい。

いま「国有林」は岐路に立たされている。このことについて、笠原義人宇都宮大学名誉教授編著の『よみがえれ国有林』『どうする国有林』（リベルタ出版）を参考に、森林経理学者の立場から、国有林野経営規程の変遷を振り返りつつ検証を行う。

国有林に関する記述では、『林政統一　三〇年のあゆみ』（林野庁）、『国有林野事業の抜本的改革』（日本林業調査会）、『国有林野管理経営規程の解説』（日本林業調査会）、『素顔の国有林』（森巌夫編、廣済堂出版）、『国有林野経営規程』、『国有林野事業特別会計経理規程の解説』、『森林・林業白書』等を参考にした。森林を〝緑のダム〟として期待するのは、森林のもつ治水および利水の機能であろう。特に森林の水源涵養機能は治水面・利水面等多岐にわたり、われわれの生活に不可欠の機能である。

しかし今のままでは、森林のもつ〝緑のダム〟としての機能が低下する恐れがある。〝緑のダム〟については、筆者は、二〇〇三年に出版した『なぜダムはいらないのか』（緑風出版）のなかで、「森林の公益性と緑のダム」として論述しているし、二〇〇四年には、『緑のダム』（蔵治光一郎・保屋野初子編著（築地書館））も出版されている。かつては「森林理水及砂防工学」の一分野であった「森林理水」がいまは「森林水文学」として確立されている。前両書のほか、『森林水文学』（森林水文学編集委員会編、二〇〇七年（森北出版））なども参考にして欲しい。

林学関係の資料収集については内藤健司宇都宮大学教授に、森林・林業に関する資料については主に林野庁等のホームページに、群馬県の森林・林業については関口茂樹群馬県議会議員にお世話になった。また、宇都宮大学農学部林学科（現森林科学科）の卒業生にもご協力をいただいた。

喜寿を迎えた老兵に出版の機会を与えて下さった緑風出版の高須次郎氏に、心よりお礼を申しあげる。

（本書では敬称を省略させていただく）

第1部　日本の森林を憂う

第1章　戦後の森林・林業政策

戦後の造林の流れ

第二次世界大戦中、軍需用材・パルプ材・薪炭などの過度の生産のため、里山の民有林も、その奥に位置している国有林も乱伐され、荒廃していた。戦時中の人手不足のため、伐採跡地は造林することもできずそのまま放置された。そのため、戦後の森林政策は荒廃した森林の再生から始まり、積極的な造林政策が進められた。

『日本の造林百年史』には以下のような記述がある。

「戦後の造林事業は六〇年も前に後戻りしたような状態から始まって、二四、五年頃から急速に回復し、おそらく今後においても出現しないであろうような大躍進期を迎え、それが四〇年代初期まで続いた。その過程で戦時中戦後に累積した造林手遅れ地は三〇年度までに取戻され、その後は文字通りの拡大造林期であった。年間実績の最も大きかったのは二九年度の三八・三万ヘクタール、次のピークは三六年度の三二・八万ヘクタールである。このような躍進をもたらしたのについては後述の政策効果もさることながら、二五年始めの木材統制撤廃頃から、復興建築などの木材需要が増加し、二六年には早くも戦時中最高の一九年の三千万m^3を上回り、三〇年四五〇〇万m^3、四〇年七一〇〇万m^3、四八年には最高の一億一八〇〇万m^3へと増加したのに対し、三六年頃までは外材輸入が少なく、木材価格が独歩高傾向となったことが大きな刺激となったものと見られる。また三〇年代に入ってからは、エネルギー転換による薪炭生産の大幅な減少が始まり、里山における拡大造林の余地が大きくなったことも推進因子となった。しかしながら、さしもの躍進ムードにも、三〇年代末からかげりを生じた。外材輸入が急速に増大して、木材価格の独歩高が止み、高度成長に伴う農山村からの労働力流出が手不足を来し、賃金水準の上昇が木材価格の上昇を上回り始めたが、これを吸収するような生産性向上策が困難であったからである。長期一貫して増大した木材需要も四八年をピークとしてその後はやや低下した水準で停滞し、造林事業は四九年度の一八・〇万ヘクタールから更に低下しつつ低成長時代を経過しており、五三年度の実績は一四・六万ヘクタールである」

「戦後の造林者としては、農地改革の結果、多数の農家の参加があり、小規模な造林が非常に増加し、造林補助金が大きな推進効果をもったが、大規模所有者層の造林は主として新設の造林融資制度に依存して進められた。パルプ其の他の関連産業資本による造林は三〇年代前半に最盛となり、分収造林契約[注]も大きく進んだが、その後は低調となり、森林開発公団や造林公社などの公的機関がこれにとって変わって比重を増すこととなった。技術面では、育種事業による種苗の改良、ポット苗木の開発、地拵《じごしら》え（植え付け予定地にある妨害物を除去して、植え付けを容易にし、かつ苗木の生育を有効にするとともに、保育作業を能率良くするために林地の片付けをすること）・下刈作業の機械化、除草剤の使用などが進んだほか、一部には肥培造林（林地に施肥する）が行われて効果を上げている。また三〇年代から、森林組合が分収造林契約の造林者となり、あるいは造林作業の委託を受けて行なう造林事業のシェアが次第に増加し、昭和五三年度において四割余に達している」（『日本の造林百年史』〔林政総合協議会編・日本林業調査会・一九八〇年〕より）。

注　拡大造林というのは、生産力の低い広葉樹林を伐採して針葉樹の人工造林をすることをいい、分収造林とは土地所有者が土地を提供し、造林費負担者等と契約を結び主・間伐時に収益を分け合うことである。

拡大造林のはじまり

戦後の造林事業は約一五〇万ヘクタールの裸山（造林未済地）の造林から始まった。疎開者や引揚者、復員兵が農山村に定住し、山仕事に従事するようになり、造林未済地への造林が進められた。

戦後復興のための木材需要は、疲弊した森林に、より一層の負担を課したが、戦後の森林・林業政策では、「伐った後は植える」を励行していたので、戦前・戦中のような乱伐と放置による森林の荒廃を招くことは少なかった。

薪炭生産が増大し、里山の雑木林の乱伐が急加速した。昭和二五（一九五〇）年には朝鮮戦争が勃発し日本は特需景気に湧いたが、ここでも森林は大きな犠牲を強いられた。その年、造林臨時措置法（森林資源を培養して国土の保全を図るため、緊急に森林を造成することを目的として制定された）が成立し、昭和二六年には森林法（森林及び林業に関する基本的法規）も改正され、農林漁業資金融資制度が設立され、造林に対する長期の低利融資も実現した。

戦前のパルプ原木の主要部分をまかなっていた樺太材を失い、戦後は、パルプ原木生産は北海道のエゾマツ、トドマツに集中していたが、昭和二〇年代後半に本州製紙が広葉樹パルプの量産に成功し、昭和三三年に江戸川工場が操業を開始した（江戸川工場から排出された汚水は東京湾の漁業に被害を与え、公害問題となった）。

エネルギー転換による薪炭生産の停滞に取って代わり、里山の広葉樹林（薪炭林・農用林）が伐採されてパルプ用材に向けられた。

里山の薪炭林は、薪炭材を伐採した後は、萌芽更新法という矮林《わいりん》（低林）の更新法で更新が図られていた。ナラ、クヌギなどの矮林は、一般に一〇年から四〇年、平均二五年くらいで択《たく》伐《ばつ》（皆伐をせずに抜き伐りすること）し、根株から叢生する萌芽を育てる「薪炭林施業」（萌芽更新による施業）で更新をしていたが、薪炭の需要が少なくなった後は、パルプ需要が増大したので、薪炭林を皆伐してパルプ材として出材した後、拡大造林による造林補助金をもらってスギ、ヒノキなどの人工林に林種転換（広葉樹林を皆伐して針葉樹の人工林に替えること）を行なった。この結果、小規模の人工造林地が増加した（林野庁では萌芽を「ぼうが」という）。

密植短伐期林業への誘導

一方、戦後復興が進むにつれて、疎開先から都市に戻る人が増え、住宅需要も増大した。いわゆる「バラック」（最大七坪）という粗末な家が建てられ、薄手のベニヤ板や小径材、小丸太の需要も急増した。建築に使う足場丸太の価格は、供給不足から急上昇した。

「バラック」に使われた柱材は、細身の三寸角が使われたが、時には歩切れ（寸足らず）の二寸七分角や二寸八分角なども使われ、ひどいものは見える部分だけ角で、壁に隠れる部分は丸い部分が残っている材が柱として使われるようなこともあった。そのため立方米あたりの単価は、板などに使われる大径材より、柱や足場丸太に使われる小角、小丸太の小径材の方が高いという逆転すらあった。小角、小丸太の需要増に応えるために間伐材のみか、主伐にはまだ早い二〇年生、三〇年生の森林が皆伐されるようなこともあった。

このような状況を見た林野庁は、将来は小径材生産の方が有利だと「誤算」し、密植（適正本数よりも多い苗木を植えること）・短伐期（生産期間を短くして若い木を伐って早く回転させること）の林業が採算がいいとして、民有林の経営指導を行なった。

従来は、林業家は坪植といって一坪に一本、一町歩（一ヘクタール・三〇〇〇坪）に三〇〇〇本の苗木を植えていたが、それを一ヘクタールに四五〇〇本から五〇〇〇本の苗木を植える「密植」にしなければ造林補助金はもらえなかった。

森林の取り扱いに慣れていない戦後の〝にわか林家〟は、林野庁の林業指導に従って、後先《あとさき》考えずに密植して造林補助金を手にしたが、篤林家のなかには、お役所のいいなりにならず、造林補助金はもらわずに、従来通りの植栽本数で長伐期（生産期間の長い施業であり、短伐期に比較して、本来の伐期が長伐期といわれるようになった）施業を続けた林家もあった。結果的には、篤林家はいまでも健全な森林経営を行なっている。

当時は「質よりも量」ということで、伐期齢（伐採する林齢）の決定にあたっても、「材積収穫（木材収穫の量）最多の伐期齢」を「標準伐期齢」とするように指導した。これは「一定面積より、平均して毎年最多量の木材を収穫しうる年齢すなわち材積平均生長量の最大を示す年齢」（井上由扶）であり、計算上は、比較的早い年齢（五〇年生）で伐期に到達できて主伐ができるので、「標準伐期齢」をとれば結果的に短伐期施業となる。「標準伐期齢」よりもっと早い伐期齢として、利用できる程度になれば伐採するという「利用伐期齢」も容認されていた。回転を早くして収入を得たいという狙いである

藤森隆郎は、「従来の一般的な人工林施業の大きな特色は、（中略）伐期が五〇年前後の若齢林までの段階で森林を更新・回転させてきたところにある。これから森林らしくなろうという段階の手前で森林を更新回転させてきたのである」、「だが従来の若齢段階までの伐期の回転

は、生物的生産効率は高くても林業的生産効率は高いとはいえない」、「若齢段階までの短伐期の繰り返しは土地生産力を低下させる危険性が指摘されている」、「木材生産林においては、できる限り長伐期施業を目指すべきである。理想としては高齢（一〇〇～二〇〇年）までの森林が配置されることが望ましい」（藤森隆郎『日本のあるべき森林像からみた「一千万ヘクタールの人工林」』森林科学　一九／一九九七・二より引用）と短伐期施業を批判し、理想として長伐期施業を奨めている。

造林学上でも、皆伐後、新植して、土地生産力が回復するには、八〇年から一〇〇年は必要だといわれている。

四手井綱英京都大学名誉教授は、「皆伐人工造林のくりかえし、しかも伐期を低めてのくりかえしが地力低下をもたらすことは、たとえその原因が同一ではないとしても、世界の各林業地で最も憂慮されていることがらである」、「古くから林業をいとなみ、三～四回も皆伐をくりかえしている民間林業地では、どこへいっても成長量の減退を訴えないところはない」（『日本の森林』九版、中公新書、一九八八年）と述べている。林野庁はこれらの事実を知らずに、密植短伐期を指導したのであろうか。因みに、四手井は森林生態学の第一人者であり、昭和二九年に、国立林業試験場（林野庁）から京都大学教授に赴任して、造林学講座の名称を森林生態学講座に改称している。

これまで国有林も含め山林所有者の多くは「長伐期施業」だったが（一部には短伐期施業の有

名林業地もある）、短伐期施業に変更することにより、五〇年生以上の、いわゆるこれからという「壮齢林分」（林齢五〇年を超えた壮齢期の林分）を「老齢過熟林分」（老齢となり、伐期を過ぎた林分）と規定し、大増伐を実行して、伐れそうな木は売り払っていった。この結果、いま残っている若齢林では採算が取れず、「山は緑でも伐る木がない」という状況にある。

かつての国有林のように、輪伐期を一二〇年とすれば、一二〇年生までの林木が成立し、弱度の間伐を繰り返しながら、主伐時に一二〇年生の林木が収穫できる。これが「長伐期施業」である。「輪伐期」というのは林木の生産期間のことで、林木が正常に生育して伐採されるまでに要する期間を、林業の経営的概念としてとらえたものが「輪伐期」である（井上由扶『森林経理学』地球社）。

戦後、林野庁が指導した「密植短伐期」は大きな誤りだった。

林野庁が指導した「利用間伐」も誤りであった。林学では、間伐は「保育間伐」といい、優良な大径材を生産するために実施するが、間伐直後の林分は著しく諸害に抵抗力がないので、間伐は「弱度」（材積歩合で一五〜二〇％程度を間伐する）で繰り返す。また残すべき森林を健全に育成するために、間伐木は成長の遅れた木や暴れ木などの粗悪木を選定してきた。しかし林野庁が奨める「利用間伐」というのは、できるだけ早く造林費を回収しようというので、間伐の時点で、オカネになる良木を「強度」に間伐するというものであった。強度間伐は、森林を荒廃させる危険があり、良木間伐は劣悪木が残され、残存森林の悪化が懸念される。

需要増により価格が上昇した里山の広葉樹を伐採し、拡大造林により、跡地にスギ・ヒノキ・マツ・カラマツ等の針葉樹を植えて造林補助金（補助金の額は年度や種類によって一定ではない）を受け取れば、将来、多くの収入が得られるといわれ、林業経験の乏しい林業家は、林野庁の指導により密植をした。その時の〝腹積もり〟では、植えてから一五年も経てば足場丸太で収入が得られ、その後の「利用間伐」でそれまでの造林費は回収できて、五〇年後の主伐時には高収入が得られ丸儲け、というものだった。まさか間伐材が全く売れなくなり、五〇年生の若齢林では、主伐しても採算が取れなくなる、などとは思ってもいなかったろう。

かくして、スギ・ヒノキ・カラマツなどの同齢一斉単純林の造林が始まった。これまで林業をしてこなかった〝にわか林家〟にとっては、この密植・短伐期の林業は魅力だった。これにより、昭和二〇年代の後半から三〇年代にかけて未曾有の造林ブームとなった。

藤田佳久によると、「昭和三〇年代には政府は『長期総合経済計画の構想』を打ち出し、その中で林業は拡大造林の推進を目標にした」、「ここで提案された『拡大造林』は、既存の天然林を伐採し、その跡地にスギやヒノキ、カラマツなどの経済林を植栽し育成していこうという主旨であり、積極的に人工林の面積を増加させようとするものであった」、「長野県、山梨県、北海道には大量のカラマツが植栽され、今日の利用度の少ない『カラマツ問題』の引き金になっている」、「一般の農林家に対しては、国の造林補助金制度が拡大造林を進めることになった。昭和二九（一九五四）年には査定係数によって補助対象を差別化したが、昭和三二年にはさらに再造林と拡大造林を区別した査定係数による補助金制度が導入され、農林家にとってわかりやすい造林補助金制度になったため、利用度が向上した」（藤田佳久『どうしてできたか一千万ヘクタールの人工林』森林科学 一九／一九九七・二より）とのことである。

再造林というのは人工林を伐採したあと、再び人工林を育てることをいう。補助金の査定にあたり、拡大造林の補助率を高くして拡大造林を推進したのである。

林業では「適地・適木・適施業」というが、拡大造林により、人工林に適さない立地に、土地にあわない樹種を植栽し、それ以後の育林にあたって、施業技術が伴わないということで、各地に不成績造林が続出した。造林に対して苗木の生産が間に合わず、不良苗木が植えられたところもあり、成長がいいからといって遠方から取り寄せた優良苗木が土地にあわず、間伐したら黒芯（樹木の芯が黒ずんで利用価値が低下する）で使い物にならないという悲劇もある。極端な拡大造林政策の失敗である。

森林開発公団の顛末

昭和三一（一九五六）年には、奥地未利用林の開発と拡大造林を促すため森林開発公団（以下「公団」という）が設立された。

時限立法で設立された公団は、熊野及び剣山地区において「公団林道」の建設を進め、昭和三五年度に事業は完了した。しかし、絶好の天下り先を確保した林野庁は、公団の延命を図るため、業務拡大を狙って、昭和三六年には、それまで国が実施してきた官行造林事業を、水源林造成事業として引き継いだ。「公団林道事業」が終わりそうになった昭和三四年度から昭和四二年度まで新たに「関連林道事業」に着手する。「関連林道事業」が終わりそうになると、昭和四〇年度には特定森林地域開発林道（いわゆるスーパー林道）に着手する。スーパー林道の採択基準は、豊富な森林資源が未開発で残っていること、当該路線の両端が国道・県道等他の道路と連絡網を形成すること、等となっている。両端が公道とつながっている峰越し林道は、観光利用には不可欠であった。

スーパー林道の開設により、これまで手つかずで残されていた亜高山帯の豊かな天然林が大面積で乱伐され、伐採跡地には公団による水源林造成事業として、針葉樹の同齢一斉単純林が造成されたが、その多くはいま、不成績造林地として残っている。

「スーパー林道」は全国の自然保護団体から反対され、「南アルプススーパー林道」や「白山スーパー林道」などで計画が長期間ストップした。幻の尾瀬道路に直結する予定の「奥鬼怒スーパー林道」も、大石武一環境庁長官（当時）の英断により尾瀬道路が中止されると出口を失い、栃木・群馬・福島三県の自然保護団体の反対により立ち往生していたが、一九八二（昭和五七）年に、鯨岡兵輔環境庁長官（当時）の裁定により路線を変更しての延長工事が承認され、一九九〇（平成二）年に、当初予算の五倍の事業費を使って奥鬼怒四湯から大清水までの林道工事が完了した。

スーパー林道事業が終わりそうになった昭和四八年度から、大規模林業圏開発林道（いわゆる大規模林道）事業が始まる。この事業は、「低位未利用の広葉樹林が広域にわたって存在し、林野率が極めて高い地域において、林業を中心とする総合的な地域開発を推進するため、全国七地域の大規模林業圏において、林道網の中枢となるべき大規模林道の開設改良を実施するもの」（日本林業年鑑）であるが、「低位未利用の広葉樹林が広域にわたって存在する地域」というのは、亜高山帯のブナ林その他の広葉樹林帯である。

公団は、大規模林道を開設した亜高山帯で、引き続いて水源林造成事業を行なった。これまで手つかずだった高齢の天然林を皆伐して、拡大造林を行なったが、気候・土壌条件の厳しい奥地山岳地帯でのスギ、カラマツの大面積同齢一斉単純林は不成績造林地となり、一部は低位の天然林に戻ったが、水源涵養機能の低下は免れない。

「林道網の中枢」というが、これは奥地の亜高山帯に山岳スカイラインを、林道という名目で建設し、大型の観光バスを通そうという企みである。幅員七メートル・二車線の舗装道路が何で「林道」なのか。林業用の林道ならば、幅員三メートル未舗装の突っ込み林道（行き止まりの林道のこと）で充分機能する。大規模林業圏構想は全くの幻で「構想」も具体化しないまま、観光目的の高規格の林道事業だけが先行した。

公団は林野庁ＯＢの天下りのために作られた特殊法人で、行政改革の都度、廃止の対象とされながら、農林族にすがって延命してきたので、その見返りに利権集団に支払ってきたツケは大きい。公団の施工したスーパー林道、大規模林道と水源林造成事業による全国の奥地天然林等の自然環境破壊は目に余るものがある。

公団の後身の緑資源機構は、官製談合事件により廃止となったが、この組織ぐるみの犯罪の責任を取らされたのは生え抜きの職員であり、組織は生き残り、天下りを続けてきた林野庁ＯＢは誰も責任を取っていない。明るみに出た官製談合は氷山の一角に過ぎない。

緑資源機構が廃止されたといっても、大規模林道事業は県に移管され、形を変えてまだ続く。

水源林造成事業は、人員（約六〇〇人）、予算などすべてが独立行政法人の森林総合研究所（森林総研）に承継された。森林総研の前身は、国立林業試験場という研究機関である。不祥事を起こした機構が、研究機関である森林総研に承継されて、事業をどのように承継するのか。事業の借入金は、平成一八年度で約二〇〇〇億円あるが、水源林造成事業の多くが不成績造林地であり、数十年後の分収時期になっても収益は期待できない。利子で膨れあがった借入金は国民の税金で穴埋めすることになる。六〇〇人の人件費も税金で支払われる。結局は、国民にツケを回し、林野庁ＯＢの天下り先の組織の温存に成功したのである。

亜高山帯の手つかずで残されている数百年生の天然林は、いま立派に水源涵養機能を果たしている。水源林造成と称して天然林を皆伐して、スギ・カラマツ等の人工林に林種転換すれば、水源涵養機能は低下し、回復するまでには数十年もしくは一〇〇年の歳月を必要とする。不成績造林地になれば、取り返しのつかないことになる。水源林造成事業をしないことが水源林を守ることになる。

緑資源機構から森林総研に移ってきた職員は、事務所にいて、予算のピンハネをするだけの集団である。真に水源林の造成が必要なところがあるなら、機構を通さず、直接地元に予算をおろした方がずっと効果的である。

分収造林の失敗

藤田佳久は、「一九五八（昭和三三）年に分収造林特別措置法が成立し、各地方自治体も独自の分収方式による拡大造林をめざすための林業公社の設立が可能になった」、「その後は県単位の林業公社が全国に設立され、各地で奥山部分の広大な拡大造林を支えることになった」（前掲論文）と記述している。

分収造林特別措置法というのは、資金がない民有林の土地所有者が造林費負担者、造林者の三者もしくは二者と契約を結んで造林をし、主伐・間伐時に収益を分け合うというものである。昭和三〇年代前半の三白景気（パルプ、サトウ、セメント）で利益を上げていた製紙・パルプ会社の節税対策として制定されたともいわれている。

昭和五八年には、この特別措置法が若齢級人工林の整備充実のための資金確保として分収林特別措置法（分収育林法という）に改正されたが、改正に先立ち、林野庁は、試行段階として、昭和五一年度から、「ふるさとの森」という名称で、各地の民有林（共有林・部落有林等）に、「特定分収契約」設定のモデル事業を実施することを奨めた。

長野県小海町の「ふるさとの森」では新聞に、「五〇アール六〇万円の出資が三〇年後に一五七万円になる」という広告を出して出資者を募集した。栃木県粟野町の「ふる里の森」のしおりには、「二七年後に約二・五倍になることが予想されまた価格も成長します」、と書かれていた。最近になり、各地の「ふるさとの森」は主伐の時期を迎えつつあるが、伐採しても受け取れる分収金は出資金の半額以下になる事態となり、対応に苦慮している。分収林契約の応募者の多くはいま、悔やんでいる。昭和五九年からは、国有林も、「緑のオーナーになりませんか」という呼びかけをして資金を集めた。

林業公社も大赤字

一九五九（昭和三四）年に長崎県で初めて設立されて以来、三八都道府県に四二法人が設立された林業公社は、県庁職員特に林務部ＯＢの天下り先だったが、事業資金を借入金に大きく依存してきたので、財政状態は厳しく、将来の損失の発生も危惧されている。

一九五八年の分収造林特別措置法により設立された林業公社・造林公社はいま、多額の債務を抱えて、その実態は惨憺たるものである。分収育林法のツケの支払いは重い。

林業公社が造成してきた分収林は、一般的には立地条件が劣る奥地にあるので、不成績造林地が多く発生していて、将来の収益も不安である。「現在の木材市況からみれば、四〇～五〇年生程度で皆伐を行なった場合には、造林投資を回収できず、損失が発生する可能性があるほか、皆伐跡地の造林が円滑に行なわれずに、大面積の造林未済地が発生する恐れもある」、「既往の債務は、過去に補助金ではなく制度資金に大きく依存してきた部分があること、金利水準が高い時期があったこと、管理的経費までを借入金に依存してきたこと等から、多額に及んでおり、その償還財源を分収林の木材販売収入に限れば、木材価格いかんによっては、将来の償還に支障を来すおそれがある」（『林業公社に関する懇談会』平成一二年九月）と指摘されている。

林業公社を推進した林野庁の責任は重い。

平成一八年三月三一日現在の林業公社全体の借入金残高は一兆九一一億円となっているが、「当面まとまった収入は期待されないことから、その運営資金のほとんどを補助金及び借入金に依存せざるを得ない」ので、借入金は今後も増加の一途をたどることになる。

また、林業公社が破綻すれば、債務は県民全体に関わってくる。このような林政上の失敗を誰がどう責任を取るのか。

林業公社を存続させれば、伐期までの借入金の利子は膨大なものになるが、伐採時の収入ではとうていカバーできず損失が増加する。管理的経費として天下りの県庁職員ＯＢの高額な給与や退職金を負担することになるが、多くの県民はこのことを知らない。時間がかかれば利子負担も増えてくる。傷口が広がらないうちに、直ちに、林業公社・造林公社のような外郭団体を廃止すべきである。

世論に迎合した大増伐

昭和三〇年代の木材需要の増大に対して、国産材の供給は不足気味であり、外材の輸入もままならなかったので、木材価格は高騰した。藤森によると、「その当時の国民世論は『伐れ伐れ』の大合唱であり、新聞の社説は『未開発の暗黒の奥地林の開発こそ急務』、『国土保全に隠れた伐り惜しみ』などすさまじい論調であった。当時の経済成長第一の時代に、それに応えるべき拡大造林は避けられぬ政策であったろう」（藤森隆郎・前掲論文）という。

確かに国民世論は増伐を要求していた。しかし、森林の保続を考えれば、そのような国民世論に対し、森林の保続の必要を説明し、自重を求めるのが林業技術者ではなかろうか。それを伐期を短く設定して、伐期前だった壮齢林を老齢過熟林分といいかえ、大増伐した結果、いま「伐る木がない」という状態に追い込まれたのだ。

樹木の良さは五〇年生程度の若齢林では分からない。一〇〇年を超えて初めて日本が「木の文化」だということが理解できるようになる。藤田がいう「カラマツ問題」も、三五年から四〇年で伐るから「狂い」の問題が起こるので、一〇〇年生以上のカラマツは、「ねじれ」も戻り、艶のある良質材になる。林業技術者としての説明責任を果たすべきではなかったか。

戦時中に「笹山問題」というのがあったという。「笹山氏格下げ人事の真相」（『現代林業』昭和四九年一月号）というのが、『素顔の国有林』に掲載されているので、以下引用する。

「笹山：戦争が苛烈になってくると輸送手段がない、したがって輸送が簡単にできるところの平地林というものに伐採の主力を向けようという体制が大きな勢いとなって流れた。それは、南京攻略の司令官であった松井岩根大将がみずから平地林伐採運動の本部長となって全国に呼びかけた。そこで私は山林局長の責任としまして、あまり度の過ぎる平地林の伐採をやったのでは悔いを後に残すから慎重にやるようにというふうなことを、各県の林務課長に通知をしたのです。ところが、ある県知事から、山林局長はいやしくも軍の指導方針というものに非協力であると、告発を受けたんです。私はその告発が原因で、農林大臣の内田信也から叱られまして、お前は山林局長はダメだ、お前は九州へ行けということで、山添君と交替に熊本の営林局長へやられたんです。私はべつに軍の方針に反対するつもりではなかったけれども、いやしくも並木を伐ったり明治神宮や芝公園、上野公園の木を伐ろうといった話もあって、何でも平地に生えている木は罪悪だということで伐られたら後で困るという考えだったんです」『素顔の国有林』（森巌夫編・廣済堂出版）。

藤森は、「拡大造林は、その時代の経済的ニーズに応えるために、できるだけ多くの木材を供給し、同時に将来の日本の木材資源量を高めようというものであった。この考えは大切であり評価される。だがそれに応える林業の理論が伴っていなかったことは否めない。（中略）そこには森林とは何かという、森林生態系からの観点が欠如していた」（前掲論文）と述べている。

四手井は、「木材の需要が増大して、われわれ林業家の現段階の技術でその必要量の供給が確保できぬと思う場合は、私ならそれをすなおに述べ、これにかわる他産業の発達をうながすのだが。今の行き方では大きな無理をして、全部を林業自体で引き受けようとしているのである。森林には木材生産以外にもまだ重要な役割がいくらでもある」、「美しい自然、これは国民の生活上の重要な原動力である。これをみにくく破壊して、むりに木材の生産をやらねばならないとは私は思わない。それより木材を他の材料で替えられるなら、どしどし替えてもらって、木材は木材としてぜひ必要な部分にのみ使用することを提唱してはどうか」（『日本の森林』）と述べている。四手井の見解が上層部に伝わらないという林野庁の組織が問題である。

樹木はある大きさになれば、必要に応じていつでも伐れる。二〇年生の間伐木でも利用は可能だが、一〇〇年の成熟期を待って伐採すべきものを五〇年で伐採するというのは、農業でいう「青田売り」に近い。笹山のような気骨をもった林業技術者がいなかったのか。因みに笹山は、戦後、農林事務次官になっている。

木材価格の下落と林業不振

昭和三八年に輸入材の関税が大幅に引き下げられ、外材の輸入が自由化された。優良な外材

図1-1-1　木材価格（山元立木、丸太、製材品）の推移

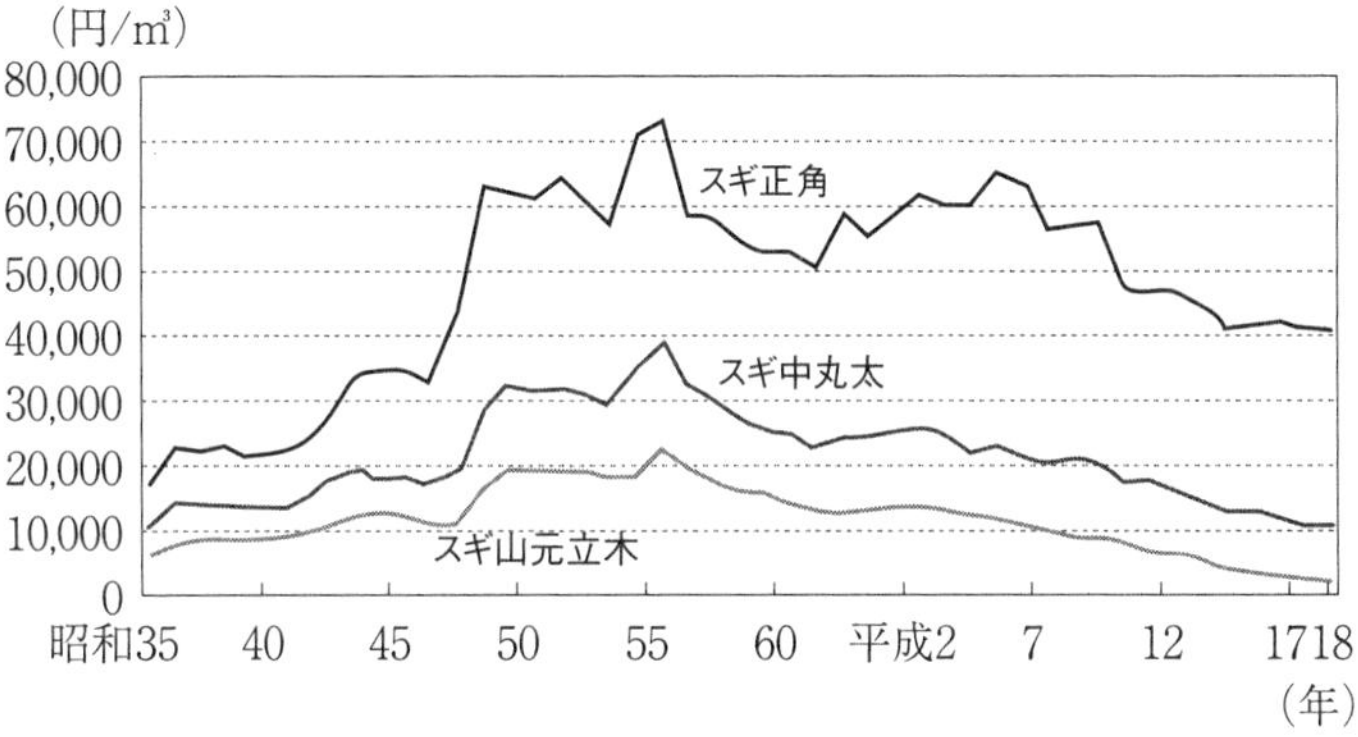

注：スギ中丸太は径14～22cm、長3.65～4.0m
　　スギ正角は厚10.5cm、幅10.5cm、長3.0m
資料：農林水産省「木材需給報告書」、（財）日本不動産研究所「山林素地及び山元立木価格調」。林業白書

の輸入量が増加するにつれ、間伐材の需要はなくなってきた。昭和四〇年以降は、戦後の造林ブームで密植された人工林が間伐を必要とする時期と重なった。これまで高騰し続けていた木材価格は、頭打ちとなり、下落し始めた。

「こうして、人工林化をはじめ、林業投資は活力を失い、育林地はまさに林業不振の状況を示した」、「とくに初めての育林投資をした新興型の育林地では、林業収入は見込めず、都市へ移住するケースが目立ち、中には廃村さえみられるようになった」、「そこでは植栽された多くの森林が除間伐さえされずに放棄され、森林の荒廃化もみられるようになった」（藤田佳久・前掲論文）。

足場丸太価格の高騰は鉄パイプに取って代わられ、足場丸太の需要は急激に落ち込んだ。

建築も本格化するにつれ小径材の需要もなくなった。間伐しても採算がとれないということで、間伐材は林内に放置された。それでも間伐をするのはまだいい方で、間伐もしない人工造林地は、植栽当時の密植のままで、下草も生えていない暗い森に、丈ばかり伸びた細い木が林立し、風倒の恐れもあるし、立ち枯れている木も目立つ。このような不成績人工林が各地に残されている。しかも、拡大造林は造林不適地や地勢・気象環境の厳しい奥地天然林にも及んでいたので、そこにも荒れ果てた林況がみられる。

かつて造林補助金目当てに「密植」した新興造林地は、保育についての技術がないまま、間伐時期を迎えたが、そのときは、外材の輸入自由化のため、間伐材などは全く採算が取れる状態ではなくなっていた。林野庁の林業指導にしたがった〝哀れな末路〟である。

変動為替相場制への移行

日本の林業に決定的な打撃を与えたのは、一九七一（昭和四六）年一二月のスミソニアン体制により、円の対ドルレートが三六〇円から三〇八円に切り上げられたことである。これにより、これまで固定為替相場制の下で一ドル三六〇円だった対ドル円レートが変動相場制に移行することにより、円高にふれていった。

一九八五（昭和六〇）年九月のプラザ合意では、過度のドル高を是正するため先進五カ国の大蔵大臣が、協調して介入するとの声明を出した。このため、声明当時は一ドル二四〇円台で

図1-1-2　国産材自給率の推移

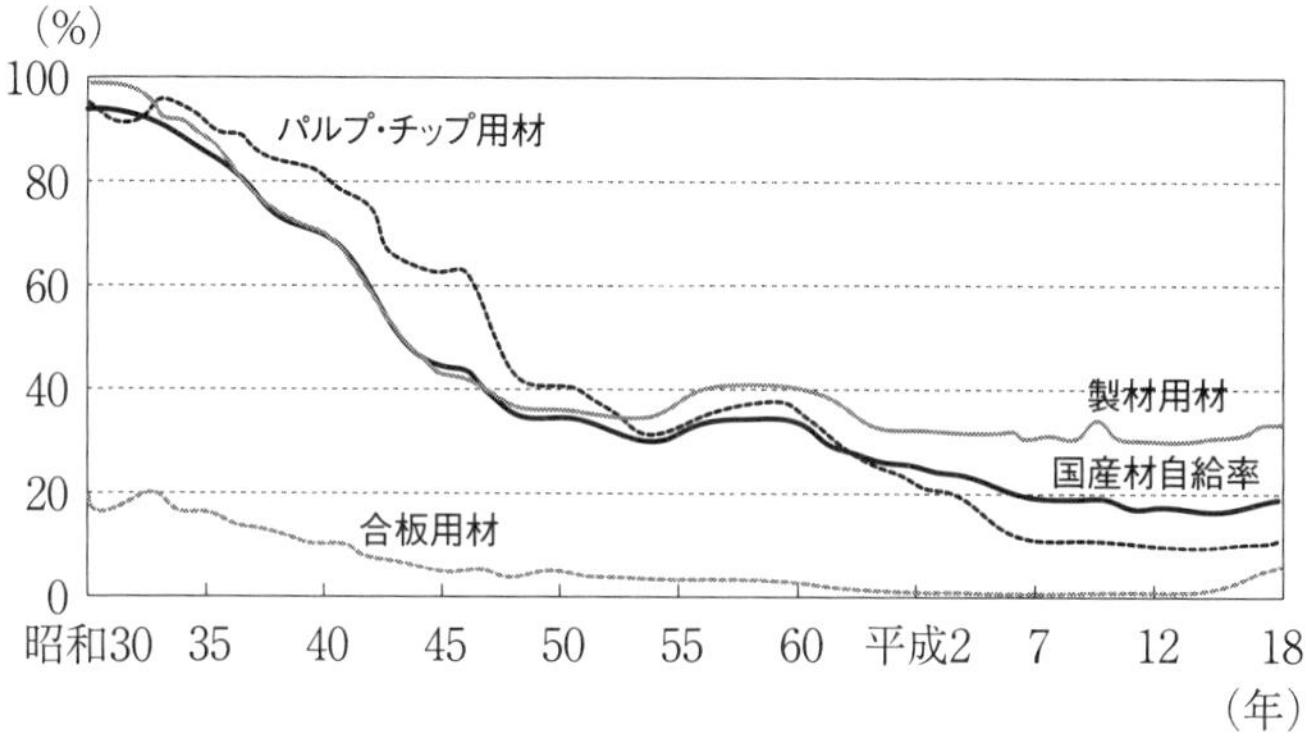

資料：林野庁「木材需給表」。林業白書

あった円相場は以後、趨勢的に上昇し、八七年二月には一四〇円台に到達した（現代用語の基礎知識より）。二〇〇八年十二月の段階では、一ドル九〇～八〇円台の円高である。

木材価格をみてみると、スギ正角（厚一〇・五cm、幅一〇・五cm、長三・〇m）一立方メートルの価格は、昭和五〇年は六万円、昭和六〇年は五万円、現在は四万円である。スギ山元立木は、昭和五〇年は二万円、昭和六〇年は一万五〇〇〇円、現在は五〇〇〇円と三〇年前の四分の一になっている（図1―1―1）。

昭和五〇年は一ドル三〇〇円に近かったが、いまは円高で九〇円から一〇〇円である。仮に、一立方メートル一〇〇ドルで外材を輸入するとして、一ドル三〇〇円ならば三万円で輸入される。しかし一ドル一〇〇円ならば同じものが一万円で輸入できることになる。

外材の価格も上昇しているので、三分の一ということはないが、半値に近い価格で外材が大量に入ってくることになれば、当然国産材の価格もそれに引きづられることになる。国産材の自給率はいまや二〇%前後にまで落ち込んでいる（図1―1―2）。しかし、いつまでも外材が大量に輸入できるとは思われない。そのためにも、国家百年の大計として森林の保続に努めるべきである。

憂うべき森林の荒廃

近年は、林業不振ということで、手入れ不足の森林や伐採した後の造林未済地が増加し、新たな問題を生んでいる。間伐はオカネになるといわれて密植にしたので、多少の間伐補助金をつけて間伐を指示しても、保育間伐の技術を持たない林家は、オカネにならない間伐をしないため、間伐手遅れの森林が増えている。

短伐期林業の破綻により、中・長伐期林業への方向転換がすすめられている。しかし、長伐期を短伐期に変えれば、伐採量も増え収入も増えるが、短伐期を長伐期に戻すとなれば、伐期が来るまで伐採できなくなり収入が途絶えることになる。これに耐えるのは至難である。

林野庁の指導の誤りはあるものの、外的要因による木材価格の下落での結果なのに、〝林業は収益性が低い？〟〝国有林は能率が悪いので赤字になった？〟というのは納得できない。輪伐期を一〇〇年として考えると、その間、経済的変動、貨幣価値の変動、個別物価価格の

図1-1-3　森林に期待する働き

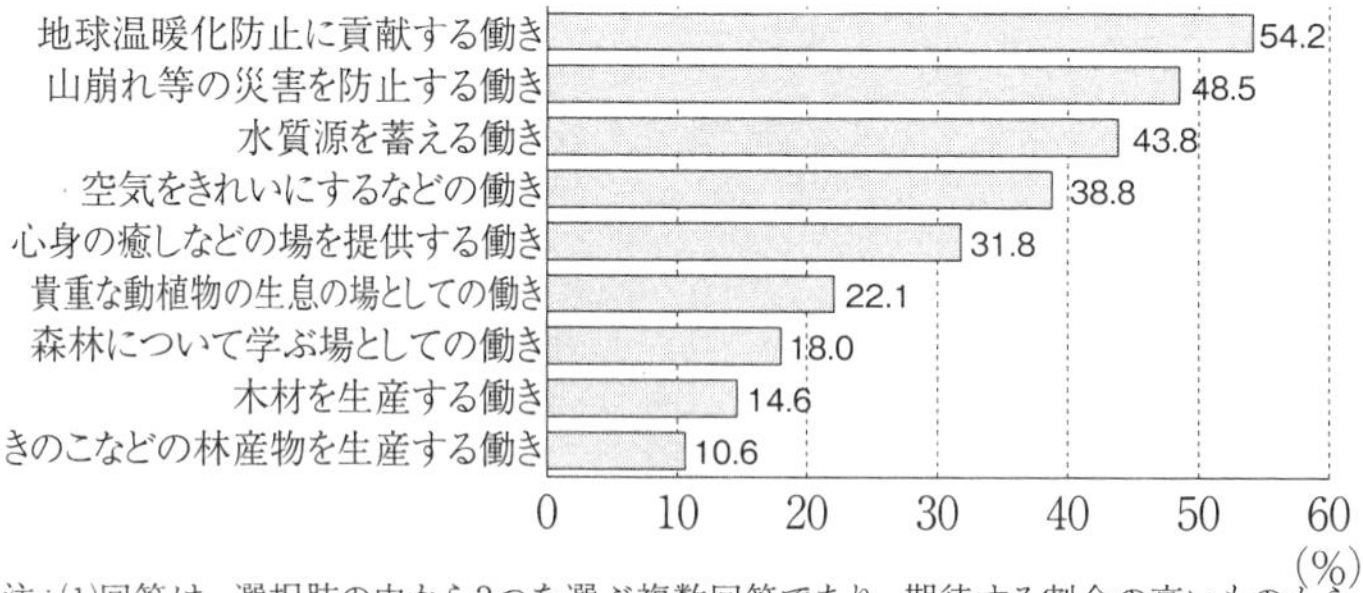

注：(1)回答は、選択肢の中から3つを選ぶ複数回答であり、期待する割合の高いものから並べている。
(2)選択肢は、特にない、わからない及びその他を除き記載している。
資料：内閣府「森林と生活に関する世論調査」（平成19年5月）

変動などは不可避である。一〇〇年後に、どのような樹種が必要になるかの予測も難しい。森林の保続を進めるにあたって、そのような要素を考慮してもほとんど意味はない。いやそのようなことは予測できるのだろうか。

森林経理学で取り扱う収穫規整[注]は、「場所的、時間的秩序付け」である。これを「物的組織論」という。そこで扱う収益計算は、「林価算法及び林業較利学」という科目で対応するが、これは複利計算式のバリエーションに過ぎない〝商業算術〟である。森林を取り扱う長期計画は、時間と面積と蓄積が把握できれば十分である。

森林は〝公益財〟であり、採算性や収益性の対象とは別に考えるべきである。

内閣府が平成一九年五月に実施した『森林と生活に関する世論調査』によると、森林に期待する働きとして、「地球温暖化防止に貢献する働き」が最も高く、

「山崩れや洪水などの災害を防止する働き」「水資源を蓄える働き」など、公益的機能への期待は大きいが、「木材を生産する働き」「林産物を生産する働き」への期待は低い。

森林の存在はますます必要とされてくる。しかし森林が公益的機能の働きを発揮するには、健全な森林の保続が不可欠である。森林を、国民の財産として、国民みんなで守っていかなくてはならない。（図1―1―3）（『林業白書』より）。

注　収穫規整とは、森林の保続計画であり、経営する森林から、今後の一定期間中に収穫すべき量を予測し、その内容を経営目的にそうように調整することをいう（井上由扶著『森林経理学』、地球社より）。

第2章　戦後の国有林の変遷

1　国有林野事業特別会計

「技官長官」と「特別会計」

国有林というのは、国家が所有する森林をいい、日本の国土面積の約二割、森林総面積の約三割を占めている。そのうちの大部分の七五九万ヘクタールを管理しているのが林野庁である。この項で取り上げるのは主に林野庁所管の国有林である。

戦前・戦中、農林省山林局の技官に二つの願望があった。一つは「技官長官」であり、もう一つは「特別会計」である。敗戦後、林野庁はこの二つを、同時に手に入れることができた。

長年、官庁機構の上級ポストの人事での事務官と技官の確執があり、下積みにされていた技術者による、格差を解消する「水平運動」とか「技術者運動」といわれた動きはあったが、林野庁では、「技官長官」は、昭和二一年に、それまで事務官ポストといわれていたトップの山林局長に技官の中尾勇が就き、二二年には林野行政のトップの林野局長に、技官の三浦辰雄が就任し、二四年に林野庁長官となり、以後、技官が長官のポストを引き継いできた（『素顔の国有林』)。

「特別会計」については、『国有林野事業特別会計経理規程の解説』（林野庁監修、大成出版社、一九九〇年。以下『解説』という）の「国有林会計制度の概要」に次のように記載されている。

「従来の如くに一般会計のもとにあって経理せられていては、林業経営の特異性は無視せられ、国有林の果たすべき使命は没却せられて、ついには資源は枯渇し、国土は荒廃に帰する恐れなしとしないのである。また、会計的見地からも、一般会計は、国家企業の一種としての国有林経営の成果及び財政の状態を明確に分析把握して、事業能率の増進、経営の合理化に対し、その指針を与えるような会計制度ではない。よって、右のような欠陥と矛盾を是正解消し、進んで国有林野の管理経営が技術経済的に合理化せられ、国有林野の有する重要使命たる林産物の供給確保、森林資源の維持と充実、治水並びに国土保安の完璧を期するためには、一般会計から分離し、林業経営に相応した特別会計制度のもとに運営せられることを必要とするものである」。「……特別会計制度として独立採算性のもとに管理経営されることとなったが、国有林会計の設置理由について、昭和二二年度の歳入歳出概要説明参考書は、その冒頭において上述のように明快な説明を加えている」。

なぜ「技官長官」なのか？　なぜ「特別会計」なのか？　そして「技官長官」でよかったのか？「特別会計」でよかったのか？　もっとも、昭和四八年には、蓄積経理方式は企業会計制度に変更になり、平成九年より、特別会計は一般会計になった。「技官長官」は、昭和五四年の林野庁次長制導入により、以降、長官人事は、技官と事務官のタスキ掛け人事となり、いまは二つともなし崩しにされている。

守るべきものならば、断固守るべきだったのに、簡単に明け渡したところをみると、たいしたことではなかったのだろう。

以下、国有林野事業特別会計の問題点について検討する。

恒常在高法を基礎とする蓄積経理

一九四七（昭和二二）年、それまで農林省の内地国有林、内務省の北海道国有林、宮内省の御料林と三つに分かれていた国有林が、農林省所管の林野局の下に一元化された。これを「林政統一」という。

そして同年成立した国有林野事業特別会計法に基づき、企業的運営による独立採算方式の特別会計制度を採用することになった。

特別会計が発足した当初は、運転資金が極度に窮乏していたので、日銀からの長期借入金等に依存して管理運営を行なっていたが、昭和二五年の木材統制令の撤廃、朝鮮戦争による特需景気、戦後復興需要などにより木材価格が上昇して財政状況は改善し、昭和二七年には長期借入金を完済した。

『素顔の国有林』には、特別会計移行のいきさつについて、野村進行著『林業企業形態論』(朝倉書店、一九五六年)を引用して、「財務当局が荒廃した国有林の面倒をみるのを切り捨て、国有林復興の責任を転嫁するために強要したんだという趣旨のことを書いている(森巌夫)」とある。「特別会計」への移行は、国有林側の願望と財務当局の思惑が一致した結果だったのであろうか。ともあれ、あまり準備もないまま特別会計に移行したようである。

林野庁によれば「特別会計の損益計算の方式については、創設時から、標準量に見合う伐採及び造林を実行していれば、立木資産は一定に保持されることから、標準量に対する実行量の過不足の評価により損益を計算する、いわゆる蓄積経理方式によって行なうこととされ、この方式は、その後昭和四七年度まで、二六年間続けられました」(『林政統一　三〇年のあゆみ』林野庁・一九七七年)とある。

国有林野事業特別会計を「恒常有高法を基礎とする蓄積経理」という。昭和二二年に、国有林野事業を特別会計とするにあたり、採用されたものである。蓄積経理方式の理論的支柱となったのは、野村進行が一九三九(昭和一四)年に発表した『林業経営における損益計算理論に関する研究』という学位論文である。野村は、昭和三年に東京大学林学科を卒業して林野庁に入庁。その後数年して、一橋大学の太田哲三教授(当時)のもとに内地留学をして、一年間、会計学を学んだ。学位論文はその研究成果をまとめたものである。

『解説』によれば、「『蓄積経理』といわれる方式は、林学上、立木資産（蓄積）は、伐採、造林の均衡を通じて構成単位である林木は年々更新されるが、全体としては一定に保持されるという法正林思想（毎年伐期に達した林分を伐採し、それに見合う造林を行なえば全体の蓄積量は不変である、という考え方）を前提とし、これに会計学上の恒常有高の思想を結合させて立木資産の経理を恒常有高法によって行なおうとするものである。恒常有高に対する過不足計算は、立木の成長量を超える伐採部分と成長量を維持するに足りる造林量に不足する部分が恒常有高への食い込み部分として評価されることになるが、現実には標準年伐採量、標準年造林量を基準とし、これと実行伐採量及び造林量とが対比されて過不足計算が行なわれていた。

この経理方式の下での損益計算は、伐採に伴う販売収入額を収益（売上）とし、毎年度の造林に投ぜられた経費（以下「造林支出」という）を費用として経理する。実行伐採量及び実行造林量がそれぞれの標準量に対して過不足を生じた場合には、この過不足量を評価して損益に加減するものである。こうした立木資産の会計処理は、林業の特殊性、すなわち林業生産の長期性、林木の量的、価値的把握の困難性等から標準年伐採量等を経理基準としているなど、特殊な経理であって一般企業の採用している会計方法と原理、手続きを異にし、一般に難解であるといわれていた」（『解説』）。

野村が学位論文作成に取りかかっていた昭和の初めは、第一次世界大戦で敗戦国となったドイツでは超インフレの最中であった。恒常有高法は、棚卸資産の原価配分法の一つであり、実質的には、価格騰貴利益排除のための会計の範疇に属する。これをドイツのシュマーレンバッハが、便宜的に、動態論の下に、会計学の領域に導入したものに過ぎないもので、シュマーレンバッハの『動的貸借対照表論』はそのような背景の下に提起されたものである。

恒常有高法は中和化の思考である。中和化とは、損益計算とまったく関係のない中性項目を毎期の貸借対照表計算から除去することを目的とするものであって、資産価値が現実にいかに変動しても、これを無視して、資産を毎期一定の固定価格で継続的に計上することを意味する。野村は、林業経営の長期性から、長期間の貨幣価値等の変動の中和化を図り、森林蓄積を法正状態（一定）と考え、シュマーレンバッハの『動的貸借対照表論』を参考として、「蓄積経理方式」を提唱したのであろう。たとえていえば、横を縦にしたようなものである。

しかし「標準量に見合う伐採及び造林を実行していれば、立木資産は一定に保持されることから、標準量に対する実行量の過不足の評価により損益を計算する、いわゆる蓄積経理方式によって行なうこと」とされているにも関わらず、現実は、増伐に次ぐ増伐により、成長量を上回って決定された標準伐採量以上の伐採が実行された。

「立木資産（蓄積）は、伐採、造林の均衡を通じて構成単位である林木は年々更新されるが、全体としては一定に保持されるという法正林思想を前提とし」とあるが、二三年規程で「法正林思想に拘泥せず」とされ、増伐は昭和二〇年代後半から始まっている。

昭和三三年の国有林野経営規程の改正により、法正林思想は否定され、昭和三三年から始まった生産力増強計画、三六年からの木材増産計画により、標準伐採量は成長量の二倍から三倍に決定された。奥地天然林の伐採には、カラマツによる見込み成長量を勘案して、成長量の一〇倍とされたこともあった。さらに実行伐採量が標準伐採量を一〇％まで上回ることも容認され、ほとんどが成長量を大きく上回って過伐されたので、現実の蓄積は不法正状態である。蓄積経理の前提はすでにその時点で崩れている。

森林の「若返り」と称して、天然の高齢林を大量に伐採して収入を稼ぐ一方、蓄積として人工幼齢林が取って代わるという不法正の状態に目をつぶり、恒常有高としているのが「蓄積経理」である。

一九五六（昭和三一）年に経理規程が改正され、伐採過不足、造林過不足に対し調整勘定が新設された。これにより、伐採量が標準年伐量を超過するときは、超過分を損益計算書の借方に伐採超過勘定として計上し、貸借対照表の貸方に伐採調整勘定として計上することになった。「実行伐採量及び造林量がそれぞれの標準量に対して過不足を生じた場合には、この過不足量を評価して損益に加減するものである。こうした立木資産の会計処理は、林業の特殊性、すなわち林業生産の長期性、林木の量的、価値的把握の困難性等から標準年伐採量等を経理基準としている等特殊な経理」という。「林業の特殊性」を口実にするが、標準伐採量が成長量を大幅に超過して決定されているので、標準伐採量と実行伐採量、標準造林量と実行造林量の過不足を、伐採調整勘定、造林調整勘定で処理する方法も、超増伐経営の下では、全く意味を持たない。

仮に、「恒常有高法を基礎とする蓄積経理」を容認したとしても、それの前提である法正状態を踏まえてのうえである。それを無視した過伐とそれを糊塗する調整勘定による「見せかけの利益」はいわば虚構であり、粉飾決算の疑いがある。国有林野経営規程を改訂し、生産力増強計画や木材増産計画などの増伐計画で手にした過伐部分は、会計上は資産として内部留保すべきであった。

独立採算制といいながら、見せかけの黒字を、林政協力という形で一般会計に繰り入れるという外部処分し、治山勘定や森林開発公団の出資金に出すなどは、極端な見方をすれば、立木資産の食いつぶしである。国有林会計の設置理由からみてもおかしい。「恒常有高法を基礎とする蓄積経理」の運用には多くの疑念がある。

『素顔の国有林』に、柴田栄第三代林野庁長官が、以下のように述べている。「私の時代になって、収入がだんだん増えてきました。どうやってそれを隠したらいいかということに頭を悩ますような、そんな時代でしたよ。というのは、国有林の特別会計の組み方にスッキリしないものがあった。収入が増えてくるにしたがって、その一部は留保しておいてあとは吸い上げられるという制度だったから、黒字がいったいいつまでつづくかという見通しをもたずに一般会計に吸い上げられる制度にしておくのは実に不安定だと思った。しかも、収入源の木材価格はあなたまかせなんだから、計画を立てても計画どおりに収入が上がるものではない。それなのに、剰余金が出れば取り上げるなんていうのでは特別会計で経営する意味があるかどうか。私はそういう点に疑問をもっていましたからね」。

柴田の林野庁長官在任期間は、昭和二七年から三〇年までである。本格的な増伐が始まったのは昭和三三年からであるが、柴田の在任中から増伐は始まっていたのだろう。「特別会計の組み方にスッキリしないものがあった」なら、早めに検討すべきではなかったか。戦後、タナボタで、「技官長官」と「特別会計」が転がり込んだことがよかったのかどうか。

なお国有林会計の問題点については、『国有林会計論』（野中郁江著、筑波書房、二〇〇六年）に詳しいので、参考にして欲しい。

恒常在高法についての疑問

筆者は、一九六七（昭和四二）年の第七八回日本林学会大会において、『恒常有高法の再検討』というテーマで学会発表を行なった。その中で、恒常有高法の問題点について、「恒常有高法は、ある目的達成のためには論理的矛盾も無視して、本来の理論としては成立しがたい理論を結合して組み立てられた会計理論の一典型である。このように問題の多い恒常有高法に準拠した林業会計は、この単なる修正によるのではなくて全く新しい立場から研究をすすめなくてはならない」とし、結論として、「林業会計に恒常有高法を適用しようとしたことが誤りであったといえるのではないだろうか」と結んだ。

会計は、企業の財政状態を把握し、経営成績を明らかにするために行なうものだが、会計方式が適切でなければ、そこで示される貸借対照表、損益計算書等の財務諸表は信用できない。国有林会計が、財政状態と経営成績を正確に把握ができなかったために、国有林経営は最大の間違いを犯した。

一九五八（昭和三三）年の国有林野経営規程の改訂と生産力増強計画の実行を可能にしたのは、大増伐による資産の食いつぶしを可処分収入と誤算し、本来なら雇用できない多数の伐採要員を雇用できたことである。伐採要員が増加することにより更に伐採量が増加し収入が増え、また要員を増加するという悪循環を重ねた。

一九五三（昭和二八）年には、定員内職員二万一一一五名だった職員数が、翌五四年には、定員内二万七六六人、定員外二万八五四一人、合計四万九三〇七名となり、一九六四（昭和三九）年には、定員内四万四〇八人・定員外四万八一三〇人、合計八万八五三八人に達した。昭和三九年度には、収穫量も戦後最高の二三二四万㎥を記録している。五二年以前は、雇用区分が確立しておらず、作業員は民間の作業員や臨時作業員の身分だったので、実数は不明である。二〇〇八年度の職員数は定員内四八七七人・定員外一三三二人、合計六二〇九人である。

財政状態と経営成績から、人員増をチェックすることができなかった国有林野事業特別会計は、会計としての機能を果たしていなかったのではないか。

昭和四〇年代に入り、外材の輸入自由化による木材価格の下落に加え、ヤマに伐る木がなくなって収入減になる一方、人件費は増伐時に急増した人員増と賃金上昇により増加の一途をたどり、収支相償わない事態となり、損失が発生した。昭和五〇年代になると、人件費が林産物収入を上回ることになった。ヤマの木を売っても人件費が払えないという状態である。

蓄積経理方式の見直し

三億円の損失を計上して財務状況の悪化が懸念された昭和四〇年、中央森林審議会の「答申」で、会計制度について、「一般に公正妥当と認められた会計手続きを選択、適用し普遍性のある会計処理をとるよう」要請されたが、一時的な木材価格の異常な高騰により財務状況が好転したため、改善への取り組みは不十分に終わった。昭和四四年から三年間、五〇〇億円を超える損失を計上したので、昭和四六年に再び「答申」があったが、このときも、昭和四八年の石油ショックによる木材価格の高騰があり、現金収支差で三九八億円の黒字、損益で九五九億円の利益が計上された。

しかし、林野庁は、将来の財政状況の悪化を懸念して、一般会計からの資金の導入を予定していたので、昭和四八年六月一五日付けで、「国有林野事業特別会計経理規程の一部改正について」という林野庁長官通達により、立木資産の経理方式を、従来の「蓄積経理方式」から、企業会計原則に準拠した「取得原価方式」へ変更した。

改正の主な点は⑴「固定資産の取得に要した費用」について損益計算の方法が変更され、これまで立木等の売上高に対応する費用として時価評価されていた当期造林費は固定資産として資産化され、費用としては、歴史的原価に基づく取得価額（財産台帳価額）が当てられることになった。この改正により調整勘定は廃止され、費用は帳簿価格から算出されることになった。この結果、計上される費用は実際の費用より過小となった。昭和四七年度と四八年度の育林事業費を比べると、四八年度は三二二億円過小となり、利益の水増しとなった。⑵「資本剰余金」について、これまでは森林および原野の売り払いは資本取引として経理されたが、これを改め、損益取引として経理することになった。これまでは、国有林野事業の経営基盤である森林原野の売却収入は、収益に計上せず、売却価額と当該森林原野の台帳価額の差額を資本剰余金に計上することにより資本維持を図ってきたが、改正により、森林原野の売却代金は雑収入として計上されることになった。これにより、森林等の資産の切り売りが利益として計上されることになったのである。その結果、昭和四七年度に五七億円だった雑収入は、六一年度には一二四七億円、六二年度には八一八億円に増大している（『国有林の財務に関する一考察』藤原信、一〇〇回日林論、一九八九年）。これ以後、国有林の赤字対策として森林原野の売り払いが続くが、これは資産の食いつぶしであり、「タコ配」（利益がないにもかかわらず配当をすること）である。

森林の生産期間は八〇〜一〇〇年であるので、これまでは、当期造林費が収益に対応する費用としてたてられていたが、「取得原価方式」の場合、収益から差し引かれる費用は「歴史的原価」となり、費用収益の個別対応の正当性が問題となる。継続性の原則、真実性の原則等の会計原則から見ても、国有林の会計制度は問題点が多い。

国有林が特別会計を求めたのは、前述の「国有林会計制度の概要」によれば、「一般会計では、林業経営の特異性は無視され、資源は枯渇し、国土は荒廃に帰する」というのではなかったのか。しかし、「蓄積経理」による特別会計が、国有林の資源を枯渇させ荒廃させたことを、OBを含む林野庁指導部はどう思っているだろう。

サラ金地獄への転落

一九七五（昭和五〇）年に一三五億円の損失を計上した国有林は、七六年にも五〇四億円の損失を出し、七六年から財政投融資資金より長期借入金を導入することになった。サラ金地獄の始まりである。

三浦辰雄初代林野庁長官は、「五〇年代にはいよいよ構造的な赤字がはっきりしてきたね。五一年度からは財政投融資資金からの長期借り入れが始まった。林道費は三年据置の七年返済、造林費は五年据置の二五年返済だね。金利は六・七％から八・五％だ」と述べ、片山正英第九代林野庁長官は「今後二、三年のうちに必ず問題になるのは、国有林が借りている借金のことです。その金利は平均すると、約八％でしょ。民有林は何分で借りているかというとおおむね三・五％。なぜ国有林だけが八分で借りなくてはいけないんですか」と語っている（『素顔の国有林』より）。

林業が八％の利子を払ってやっていけるかどうかなど、まともな林業技術者なら分かりそうなものである。案の定、国有林の財政は破綻し、その経営も破滅に追い込まれることになった。

七六年の四〇〇億円の借り入れから始まり、毎年度約二〇〇〇億円ずつ増加し、二〇年後の一九九七（平成九）年には債務残高が約三兆八〇〇〇億円に達した。損益計算においても、毎年度一〇〇〇億円を超える損失が生じ、平成九年度も一三九五億円の損失を計上し、累積欠損金は一兆七五三八億円に達した。

一九八三年には、経理規程の取扱において、これまですべて費用に計上してきた借入金の利子のうち、造林関連利子を立木資産の取得価額に算入する方式に変更した。「この方式が、一般の会計処理基準に照らして妥当性を有するかどうか」審議して、「投資期間中の造林関連利子を資産経理することは会計学上、容認されるとの結論が得られた」（『経理規程の解説』林野庁）というが、野中郁江は、「国有林野会計において企業会計を採用することは、そもそも財政投融資を導入し、これを返済していくにあたって、一般私企業で行なわれている取得原価にもとづく正確な期間損益計算を行なうためのものであったはずである。その国有林会計において、一般私企業の例外的で、けっして望ましいとはいえない処理への移行は、企業会計方式の受入が現実的に破綻したことを示す『赤字かくし』の方策である。一九八三年の利子の支払いは、六三二億円であるにもかかわらず、損益計算書には、その一部二〇三億円しか計上されず、以後、貸借対照表の立木竹資産が水増し計上されていくこととなったのである」（『新国有林論』黒木三郎・笠原義人他、大月書店）。借金をすると資産が増えるという奇妙な会計が行なわれているのである。

九七年の財務状況を見ると、収入五五〇四億円の内、自己収入は一三〇一億円で、その内訳をみると、本業の林産物収入は六五八億円で、貸付料（スキー場やゴルフ場等への林地の貸付料）等が九二億円、林野・土地の売り払い収入が三六六億円である。収入の六五％にあたる三五九五億円は借入金である。林野・土地の売り払い収入の三六六億円は本来は資産として内部留保すべきものである（「林野」とは、林木育成の用途に供する林地及び原野をいい、「土地」とは、庁舎敷、宿舎敷、苗畑や貯木場敷等をいう）。

支出の五八％に当たる三一六八億円が償還金・長期借入金利子であり、そのうち支払利子は一七九二億円で、一日約五億円の利子を支払っている。元金の償還は一三七六億円なので、長期借入金は二二〇〇億円増加している。借金の返債のためにより多くの借金を重ねる。これはまさにサラ金地獄である。また人件費は一七一三億円で、林産物収入の二・六倍にあたる。昭和三〇年代から四〇年代の増伐時に増加した伐採要員の人件費に押しつぶされている。平成四年度からは、長期借入金の利子（一五五一億円）が、林産物収入（一三七五億円）を上回るという危機的状況になった。このような経営を続けることに、林野庁の幹部職員は不安を持たなかったのだろうか。

累積債務の肩代り

このような事態に対し、林政審議会森林・林業基本問題部会は、一九九七（平成九）年七月九日に、「国有林野事業の抜本的改革の方向」という中間報告を取りまとめた（以下、『国有林野事業の抜本的改革』、林野庁監修、日本林業調査会より引用する）。

中間報告では、国有林を「国民の」共有財産として、「国民の参加により」かつ「国民のために」経営管理し、名実ともに「国民の」「国民の森林」とすべきであるとの考えの下、①国有林野の森林整備の方針を木材生産重視から国土・環境保全等の公益的機能重視に転換、②国の業務を保全管理、森林計画、治山等とし、事業の実施は全面的に民間に委託、③組織の大幅な簡素化・合理化を図り、現場組織は流域を単位に再編し、要員規模は必要最小限に縮減、④独立採算制での企業特別会計制度は見直し、⑤債務処理の本格的処理の検討を行なう、などの方向が示された。

同年（一九九七年）設置された財政構造改革会議は、国有林野事業の債務について、以下のように処理することとした。

平成一〇年一〇月一日時点での債務三兆八〇〇〇億円を、国有林野事業特別会計で返済可能な一兆円と返済不能な二兆八〇〇〇億円に分け、一兆円は国有林野事業特別会計で継承し、一般会計からの利子補給を受けて債務が拡大しないように止血措置をとるとともに、元本の一兆円については約五〇年間で返済する。残りの二兆八〇〇〇億円は一般会計へ継承することになった。

しかし、一兆円を国有林野事業特別会計に残したことが、その後の奥地国有林の乱伐の誘因となっていく。

木材生産を重視してきたそれまでの経営でも、約二〇年間で、三兆八〇〇〇億円という多額の借入金をしてきたのに、公益的機能重視に転換した国有林が、五〇年間で一兆円を返済するというのは、どんな〝手品〟を使うのだろうか。林業技術者にはとても考えられないことである。

その手品として、『国有林野事業の抜本的改革』（林野庁監修、日本林業調査会、一九九九年）の資料編にある「今後の国有林の収支試算」より、平成一〇年度から一九年度までの一〇年間の収支の見込みを試算する（表１―２―１）。

収入の部では、林産物収入等四六八〇億円、貸付料等九三〇億円、林野等売払い二九七〇億円、治山勘定（国有林内の治山事業費を一般会計から受け入れる）一四〇〇億円、一般会計より受入五四二〇億円、借入金六八三〇億円（新規借入金一六〇〇億円、借換借入金五二三〇億円）で、支出の部を見ると、事業関係費一兆五七九〇億円（人件費等一兆四二〇億円、事業的経費五三七〇億円）、利子・償還金五三五〇億円である。

最近一〇年間の実績

一九九八（平成一〇）年に二兆八〇〇〇億円の債務を肩代わりしてもらってから、二〇〇八年度でちょうど一〇年になる。

この間の財務状況を見てみると、以下の通りである。

収入の部では、林産物等収入二六八六億円、貸付料等（雑収入を含む）八三一億円、林野等売払代一九五五億円、治山勘定一一〇六億円、一般会計から一兆六六一億円と多額の受け入れをしている。借入金は一兆七三四五億円（新規借入金三三二九億円、借換借入金一兆四〇二六億円）で、収支見込みと比べると、一般会計からの受け入れ額は見込みをはるかに上回っている。償還することができなくて、借換でしのいだ借換借入金は見込みよりも一兆円も大きい。この一〇年間ですでに見込みは大きくはずれている。

支出の部では、人件費一兆九五億円、事業的経費五四六五億円である。人件費と事業的経費（事業関係費）の合計は一兆五〇〇〇億円を超える。林産物収入と林野等売払代の合計は四六四一億円で、人件費一兆九五億円の半分にもならない。

平成一九年度の決算概要の説明で、「借入金については、四年連続して新規借入金はゼロで

表1-2-1　平成10年度から平成19年度までの収支実績と見込み

（単位：億円）

	10年間の実績	10年間の見込み	
収入の部			
収入	34,584	22,230	
林産物等収入	2,686	4,680	林産物等収入
貸付料等（雑収入）	831	930	貸付料等（雑収入）
林野等売払代	1,955	2,970	林野等売払代
治山勘定	1,106	1,400	治山勘定
一般会計より受入	10,661	5,420	一般会計受入
借入金	17,345	6,830	借入金
（新規借入金	3,319	1,600	新規借入金）
（借換借入金	14,026	5,230	借換借入金）
支出の部			
支出	34,275	22,220	
事業関係費	15,560	15,790	事業関係費
（人件費	10,095	10,420	人件費）
（事業的経費	5,465	5,370	事業的経費）
交付金	696	1,080	交付金
利子・償還金	16,958	5,350	利子・償還金
（利子	2,957）		
（償還金	14,000）		
治山勘定	1,061		

注）1　国有林野事業の決算概要および林業白書、『国有林野事業の抜本的改革』の資料等を参考に作成した。
2　各種資料を参考にしたので、数字が一致しないところがある。

ある」というが、返債可能（？）な債務一兆円を五〇年間で返済することになっているので、この一〇年間で二〇〇〇億円返済して、長期借入金は八〇〇〇億円台に減っているはずのものが、平成二〇年三月三一日現在の長期借入金は四七九億円増加した一兆四七九億円になっている。本来償還すべき借入金を借換借入金で相殺しているに過ぎない。一〇年間の損失累計は四七〇六億円に達している。このような状況では、五〇年間で一兆円の債務を返済することは不可能である。

一兆円の債務を五〇年間で返済するとした林野庁幹部はなぜこのような安請け合いをしたのか。

国有林への挽歌

国有林が長期借入金を受け入れて以降、国有林会計から支払われた支払利子は二兆五〇〇〇億円を超える。林野・土地売払収入は約一兆二〇〇〇億円で、この間の林産物収入は約四兆円である。一九九一（平成三）年の第四次国有林改善計画により、累積債務の処理のため、林野・土地・土石売り払い収入を当てるとし、二〇年間で、土地一万ヘクタール（四〇〇〇億円）、林野一一万ヘクタール（八〇〇〇億円）、合計で一二万ヘクタール（一兆二〇〇〇億円）の資産を売却して、当時二兆五〇〇〇億円だった長期借入金の返済に充てるとしていたが、この十八年間で、予定どおり、約一兆二〇〇〇億円の土地を切り売りしたものの長期借入金は三兆八〇〇〇億円に達した。
国有林野事業特別会計を見れば危篤状態である。国有林にはもはや挽歌を捧げるのみである。

2　国有林野経営規程

国有林野経営規程の制定

一九四八（昭和二三）年には、国有林野経営規程（以下「経営規程」という）が制定された。

「事実上、『国有林の憲法』の位置にあったのは、『国有林野経営規程』と呼ばれる農林水産省の『訓令』でした。『訓令』は、通達と同じように、行政機関内部の指示・命令のことですから、いつでも行政機関が制定し、変更し、廃止することができます。法律とは違って、国会の関与はなく、裁判所における裁判規範にもなりません。その結果、林野庁は、国有林野経営規程の内容を変更することによって、国有林をあたかも自分たちの『私的』財産のように扱うことができたのです。たとえば、生産力増強計画、木材増産計画、新たな森林施業、地種区分から機能類型区分への転換などは、いずれも経営規程の改定によってなされたものでした。よく日本の行政は法律に基づかない『通達行政』であると批判されますが、その典型が国有林行政と言ってもよいでしょう」（笠原義人編著『どうする国有林』）。

経営規程はその後、一九五八（昭和三三）年、一九六九（昭和四四）年、一九九一（平成三）年、一九九九（平成十一）年に改正されている。

昭和二三年制定の経営規程について、第九代林野庁長官片山正英は、「戦時中の乱伐を回復することに主眼がおかれ、伐採量は成長量に見合って抑えられていたんで、どちらかといえば保守的なものでした」と述べている（『素顔の国有林』より）。

二三年経営規程では、「国有林の経営目的、経営方針、経営案の作成方法等が示され、経営の目的は、国有林野の持つ国土保全などの公益的効用を最高度に発揮し、国民福祉の増進を図ることを旨として、森林生産力を向上させること」（林政統一　三〇年のあゆみ）と規定された。

具体的には、経営の単位を事業区として経営案を立てる。原則として、一営林署が一事業区を管轄する。保続の単位を作業級とするが、作業級においても保続を困難とするときは、数作業級又は経営区を保続の単位とする。林地の地種区分を普通林地と制限林地とする。制限林地とは、保安林・部分林・国立公園指定地・砂防指定地・保護樹帯・風衝地などのように、施業上の制限を受ける林地をいい、制限のないものを普通林地という。標準伐採量は、成長量を基準として定める。但し、現在蓄積が正常蓄積に対して多すぎたり、足りなかったりした場合には、正常蓄積の確保を図るため、成長量を補正して、標準伐採量を算定することができる。伐期齢は、伐期平均成長量又は収穫量が最大の時期を基準とし、生産財の利用価値を考慮してこれを定める、となっていた。

「作業級」というのは、「一事業区内（営林署のこと）において、樹種、作業法、伐期齢がほぼ等しく、施業上同一の取り扱いをうけるべき林分の集団であって、これを収穫規整の基礎として保続作業を行なう森林経理上の単位である」（『森林経理学』井上由扶）。

「森林における生産組織は、場所的秩序付けと時間的秩序付けによって行われるが、前者の基礎となるものは作業法であり、後者の基礎となるものは伐期齢である」「作業法は、森林の経営目的にしたがって、林木の更新から伐採にいたる全課程を、技術的合理性の下に秩序的に結びつけるものである」（前掲書）。

森林を計画的に取り扱うために経営計画を作成するが、これを森林経理では「収穫規整」という。「収穫規整」で、森林施業の取扱を決めるのが作業法（樹種の選定、更新方法の選定その他の選定）の選択であり、その生産期間を決めるのが伐期齢の決定である。

二三年経営規程では、法正林[注]に拘泥しないこととし、立木蓄積の名称を「法正蓄積」から「正常蓄積」に改めている。しかし、法正林には拘泥しないといっても「正常蓄積の確保を図る」としているので、法正状態を否定していない。完全に法正林を否定するのは、三三年経営規程になってからである。伐期齢については、収穫量最多の時期を基準とし、利用価値を考慮する、としながらも、実際は従来の長伐期作業による長大材生産を続けていた。収穫規整では、保続の単位としての作業級を維持し、生長量に見合って伐採量を決めるということで、法正状態を保とうとしている。

経営の単位は営林署であり、経営の責任者は営林署長である。

注　法正林とは、林積収穫の厳正保続を実現することができる内容条件を完全にそなえた森林をいう。すなわち、森林の保続が完全に行われ、経営目的にしたがって伐採することにより少しの犠牲も生じない森林であって、このような状態を法正状態という（前掲書）。

三三年経営規程の改正

一九五四（昭和二九）年九月に北海道を直撃した洞爺丸台風により、北海道で大量の風倒木被害が発生した。被害面積は北海道森林の一四％、被害総額は北海道の年平均伐採量の三年分といわれている。この風倒木処理対策が契機になり、国有林での機械化が進んだ。

一九五八（昭和三三）年に経営規程の改正があった。これは、国有林経営の方向を大きく変えるものであり、国有林崩壊への第一歩となる（第三節の「森林経理学論争」を参照のこと）。以下、三三年経営規程の主要な改正点を列挙する（『国有林野経営規程の解説』林野庁監修、地球出版、一九五九年から引用）。

地種区分（森林施業上からわけられる土地の用途種別）を、制限林地、普通林地から第一種林地、第二種林地、第三種林地に変更する。第一種林地は国土保全機能のような森林のもつ間接的な効用を主たる目的とするため、法令などにより制限を受ける林地をいい、具体的には保安林等である。第三種林地は、地元農山村の住民の生活の安定と向上を第一義として経営することを目的とする林地である。第二種林地とはそれ以外の林地で、企業性の追求を第一義とする経済林である。「独立して経営するのに適正な区域」として、数事業区を併せた経営計画区を設定し、経営の単位を事業区（営林署）から経営計画区に拡大した。収穫保続の単位も拡大した。経営計画は経営計画区ごとに、五年ごとに五年計画を編成する。作業級を廃して施業団を設けた。施業団は「施業上類似の取り扱いをなすべき林分を集めて、施業の標準化を図るものであって、収穫保続の単位でもなければ、またかの法正林思想から出発し観念づけられたところの正常蓄積への誘導を終局の目標とするものでもない」（『解説』）。施業方法の標準化とは、合理的生産の実行基準という見地からいわゆる単純化、統一化を意味するという。これにより皆伐作業を推し進めることになる。伐期齢は、収穫量が最大の時期を基準とし、経済性を考慮して定める。これにより、長伐期から経済性のいい短伐期へと変更された。標準伐採量は、一項で、「林木の成長量を基準として定める」としているが、二項の但し書きで、「森林生産力を向上せしめるために、樹種、林相の改良を必要とする林分が多く存在し、これを積極的に改良しようとする場合、第一項の原則で示されている成長量を基準とする伐採では、その目的を達せられないときには、改良に要する期間を定めて、この期間を通じて成長量を漸次増大していくように、計画期間終了後の成長量の『増加の程度』を勘案して、『収穫の保続に支障のない限度』において、現在の五カ年間の林木の成長量を上回って標準伐採量を決定することができる」としている。「森林生産力の向上を図るための改良」とは、成長量の衰えた奥地天然林を成長量の旺盛なカラマツ等の人工林に変えることで、「収穫の保続に支障のない限度」というのは、林相を改良した場合、改良後の樹種（カラマツ等）の将来の成長量の伸びを勘案して「保続表」を作成して保続の保証をするが、作成方法は極めて恣意的である。この特例により見込み成長量の導入が可能になり、増伐への道を開いたのである。一項を「成長量法」といい、二項但し書きを「保続表法」という。

経営の単位を経営計画区に拡大したが、営林署には営林署長がいるものの、経営計画区には責任者がいないという無責任体制である。経営計画区の設定についても、「一般的にいうと、交通不便な奥地未開発林が多く、また経営が積極的に行われない地域では、経営計画区は比較的大きく設定すべきであろう」としているが、これは、奥地未開発林を集中的に伐採するためである。

三三年経営規程の改正により、法正林は否定され、保続の単位である作業級が廃止され、保続の単位は経営計画区にまで拡大された。『解説』によれば、「第一種林地の水源涵養林（水源の確保に必要な森林）のうちで、施業用件の範囲内で第二種林地に属する林分と同じような施業がなし得る場合には、第二種林地のそれらの林分とあわせて同一の施業団を構成してさしつかいない」とされた。これにより、それまで制限林地であった国立公園の第三種特別地域等が、

「風致の維持ということを念頭において森林生産力の増強を図り、積極的な経営を行なう」という名目で、大幅に第二種林地と同じ施業団に組み入れられた。このように、第一種林地と第二種林地とを一つの施業単位として設定できる「施業団」を導入し、結果的に第一種林地（二三年規程の制限林地）の一部を第二種林地と同様の「皆伐施業団」としたのである。これにより、亜高山帯の天然林においても、皆伐面積が増大した（『森林経理学論争の後遺症』藤原信・林業経済四五三）。

生産力増強計画と木材増産計画

経営規程の改正と軌を一にして、昭和三三年から七三年までの四〇年計画として、「生産力増強計画」が実施された。その具体的方策は以下の通りである（『国有林経営計画実務提要』小沢今朝芳）。

(1)人工林は積極的な拡大、とりわけ低位過熟（利用価値が低くて伐採されずに残されていた）な天然生林をできる限り成長量旺盛な人工林に改良し、森林の生産力増大をはかる。(2)林道網を拡張し、未利用林の開発を促進する。(3)林木品種を改良し、技術的に成長を促進し、かつ、生産期間を合理的に短縮する。(4)木材利用合理化を促進し、適正な木材需給対策を講ずる。

昭和三二年度現在の国有林の人工林面積一一〇万ヘクタールを四〇年後には、三二〇万ヘクタールに拡大する。そのために森林の成長量を二倍にする。林道網を整備して国有林の未開発林二九五万ヘクタールを生産地域化する。生産力を増大するためには、天然生林を収穫保続上許される限り短い期間に人工林に改良しなければならない。このためには、現在の成長量を超えた伐採を行なっても、その跡地を積極的に造林することによって将来は、更に一層成長量を増大することが可能なような長期の植伐計画をたてたのである。

「当面の収穫量は将来の収穫量を先食いすることになるが、成長量は、昭和三三年度を一〇〇とすると、一〇年ごとに、一一三、一四六、一七七、二〇五と飛躍的に増大する」ことになるという。

一九六二（昭和三七）年には、「生産力増強計画」を強化する方向で、「木材増産計画」が実施された。本計画は、技術革新により将来の成長量を倍増させようというのである。その方法としては、植栽本数の増加により一七％、林地肥培（林地に施肥すること）で二五％、林木育種（林木の品種改良）で二〇％、植え付け・下刈り方法の改善で五％等で約七〇％程度の収穫量の増加を見込み、更に人工林面積も、三三〇万ヘクタールに拡大するというものである。これにより、将来の成長量を引き当てにして一層増伐を推進し、成長量の二倍に及ぶ伐採を実行した（『国有林における標準伐採量に関する一考察』藤原信、九〇回日林論）。

植栽本数の増加は密植であり、要員減少のいま、間伐手遅れによる森林の荒廃につながっていく。また林地肥培は全く役に立たないことが実証されている。林木育種事業も、生産期間の長い森林相手では、成果は全く上がっていない。植え付け・下刈りは、その後の作業の省力化による下刈り不足により、目的外樹種との混交林となっている。

四手井はカラマツ一辺倒の造林はおかしいとして、「たしかに、落葉樹のカラマツやカンバ類は幼時の個体の伸長は速い。だからといって、林分[注]成長が同じように大きいとはいえないのである。林分成長は密度さえ充分であれば、常緑針葉樹のトドマツの方がはるかに大きいのである」。「カラマツの個体の生育はたしかによい。ある期間（二〇年くらいまで）は平均して一メートルくらいの伸長はする。しかし、林分成長量は他の常緑針葉樹林には劣るようである」（『日本の森林』四手井綱英、中公新書、一九七四年）と述べ、カラマツの先枯れ病や野鼠被害にも警告している。

「生産力増強計画」「木材増産計画」は、国有林を荒廃に追い込んだ元凶であるが、反省の言葉はほとんど聞かれない。

注　林分とは、林相がほぼ一様で森林の取り扱いの単位となる樹木の集団と、それが生立している林地を合わせた概念である（前掲書）。

四四年規程の改正

一九六四（昭和三九）年に林業基本法が制定され、翌六五年には、中央森林審議会から「最近の社会経済情勢の推移に対応する国有林野事業の役割及びその経営のあり方」についての「答申」があった。

一九六九（昭和四四）年には、経営規程の改定が行なわれた。これは増伐をさらに促進するための改正である。標準伐採量は、前三三年規程第一二条第一項では「成長量を基準として定める」ことになっていたが、この規定を適用した経営計画区は皆無であり、すべての経営計画区の計画が二項但し書の「樹種又は林相（針葉樹・広葉樹・竹林など林分の樹種構成による区分）の改良による林木の成長量の増加の程度を勘案して標準伐採量を定めることができる」を適用していたので、一項を廃止して、二項の規定を原則とすることになった。これまで特例とされていた「見込み成長量による標準伐採量の決定」が原則となったのである。しかも、この見込み成長量は、技術革新の成果を期待しての架空の数字である。

「伐採すべき箇所ごとの伐採量」は、見込み成長量により決定された標準伐採量の一〇〇分の九五から一〇五の範囲内におさめること、となっているが、ほとんどが上限の一〇五％を伐採している。なお経営内外からの要請があった場合で、林野庁長官の指示または承認を受けた営林局長の指示が出た場合には、この範囲を超えることが認められている。パルプ産業や木材産業の増伐の要請に弱い国有林の体質を象徴するような規定である。そして、この口利きをしたのが農林族議員である。

これまで経営の単位とされてきた一〇七の経営計画区を八〇の地域施業計画区に改めることにより、保続の単位を更に拡大した。これにより一カ所への集中伐採がさらに可能となった。国有林の増伐・乱伐は、まさに、計画的に実施されたのである。

国有林施業の実態

ケース・スタディーとして、昭和三三年規程により、国有林がどのように経営されたかを、日光国立公園を含む亜高山帯の国有林である日光経営計画区の経営計画を対象に検討する。日光経営計画区は、宇都宮営林署と今市営林署の二事業区により構成されている。

「日光経営計画区第一次計画書」（昭和三三年度〜三六年度）の「経営方針」としては、「経営目的に応じた林地の再配分を行なって経営の合理化を図ると共に、増大していく木材需要に応じるため生産性の低い天然生林を可能な限り速やかに樹種更改して成長量の増大を図ることを基本方針とする」とし、具体的には、第二種林地に施業団を設定して施業の標準化を図る。作業種は可能な限り皆伐作業を導入し、跡地には針葉樹の造林地を仕立てる。造林樹種は量的生産を最大の目標として選定する。保続の単位を拡大することにより集中伐採、大面積造林を行ない施設を満度に利用するとし、更に、計画樹立の「要旨」の中で、第二種林地について、次の方針により施業団を設定した。すなわち、(a)出来る限り皆伐作業を導入し、原則として択伐は行なわない。(b)類似した取扱をする地域は出来る限り同一施業団に含ませて、経営体系の簡素化を図る。

第二種林地の伐採にあたっては、まず天然生林、特に成長量のほとんど期待できない老齢過熟林分を優先的に伐採することとし、標準伐採量は成長量の五倍を超えた。伐期齢も短くなり、スギ四五年、ヒノキ五五年、アカマツ四〇年、カラマツ三六年とされた。

これまで奥日光地域は、「積極的な施業は行なわず、位置分布からも国土保安的な性格が強いところ」とされていたが、第一次計画では、積極的に施業をすることとなり、第一種林地の水源涵養保安林も第二皆用施業団（第二種林地での皆伐用伐林施業団）に組み込まれた。これは、本来、第一種林地として扱うべき地域を第二種林地扱いとし、結果的に第一種林地での増伐を図ったものである。皆伐跡地にはカラマツの一斉林が現出した（『森林経理学論争の後遺症』藤原信、林業経済 四五三）。

その上、これまで制限林地であった国立公園普通地域、第三種特別地域、保安林見込み地などが、第二種林地に組み替えられた。

三三年規程前は国立公園特別区域内における「木竹の伐採」については、自然公園法で環境庁長官の許可が必要とされていたが、昭和三四年に、林野庁長官と厚生省国立公園部長（環境庁発足前は厚生省国立公園部が担当）との間で、「自然公園区域内における森林の施業について」取り決めを行ない、「第一種特別地域の森林は禁伐とする。ただし風致維持に支障のない場合に限り単木択伐法を行なうことができる。第二種特別地域の森林の施業は択伐法によるものとする。ただし風致の維持に支障のない限り皆伐法によることができる。第三種特別地域の森林は全般的な風致の維持を考慮して施業を実施し特に施業の制限を受けないものとする」とされ、ほぼ但し書きにより施業が行なわれた（国立公園は、特別保護地区、第一種特別地域、第二種特別地域、第三種特別地域、普通地区に区分されている）。

自然公園法にはまた「国に関する特例」もあり、国の機関が行なう行為については環境庁長官の許可を受けることを要しないとされ、協議をすればいいことになっている。『自然公園法の解説』によれば、「国の行なう行為はすべて国家意思として公益目的のために行われるものであるから、これに対しては一般私人等のそれと同じ観点から規制を行なう必要がなく、国の機関相互の話し合いによって公園目的を達成しうるものと考え」られるとされている。

「国有林経営案等の協議」については、昭和三二年に、厚生事務次官と農林事務次官による覚え書きで「国有林経営案または実施計画の作成にあたり、事前に当該案の大綱を示して包括的に行なえば足りるものとして運用する」と決められた。木材生産至上主義時代の林野庁と、厚生省の一部局である国立公園部との力関係から決められたもので、これでは国立公園の自然環境は到底守れない。

また、建設省（現国土交通省）が行なう砂防ダム工事のための資材運搬道路を国立公園特別保護地区に開設することも、森林開発公団が国立公園内に大規模林道を開設することも、環境庁（当時）と協議をすれば条件付きで許可されることになった。昭和三〇年代から四〇年代にかけての国立公園内における国有林の乱伐は、法律と通達で認められていた行為である。国立公園内の乱伐と乱開発は、国の意思としてなされたのである。

今市営林署湯本担当区は鬼怒川の水源地に位置し、全域が日光国立公園で水源涵養保安林に指定されているが、昭和三〇年より実行された大面積皆伐により、当担当区の天然林三五四二ヘクタールのうち、択伐一一〇〇ヘクタール、皆伐九〇〇ヘクタール、計二〇〇〇ヘクタールが伐採された。保安林の七割が伐採されたことになり、相当部分が不成績造林地となる。昭和三九年から四三年までの五年間の標準伐採量は成長量の一〇倍を超え、五年間に五〇〇ヘクタールの皆伐が実行されたという（『亜高山帯における国有林施業の実態調査とその問題点』（Ⅳ）藤原信、九三回日林論。以後「実態調査」という）。

国有林における新たな森林施業

奥日光における国有林の森林破壊の惨状に対し、「日光の自然を守る会」が結成されたのが一九七一（昭和四六）年である。昭和四八年には、森林の公益的機能に対する国民の要請に応えるものとして「国有林における新たな森林施業」という方針が発表された。これは過去一五年に及ぶ国有林の乱伐による自然破壊、環境破壊に対する国民からの批判と、伐採対象林分の不足という現実に直面して、やむを得ず縮小再生産に向かわざるをえなかったものである。

「基本方針」は、「⑴森林の有する国土の保全、水資源のかん養、自然環境の保全および形成等の公益的機能が高度に発揮されるよう、木材生産と適切な調整を図りつつ、それぞれの機能に対する要請の内容に適合した森林の維持造成を行なうものとし、とくに貴重な動植物の保護、学術研究、国民の保健休養等に供すべき森林については、保護林の増設、レクリエーション利用のための森林の整備等を積極的に行なう。(2)森林の有する木材生産機能を充実し、利用価値の高い木材を計画的持続的に供給し得るよう、公益的機能の確保に十分配慮しつつ、立地条件に適合した施業を行なうものとし、とくに亜高山帯の森林等であって、森林の更新、保全あるいは自然環境の維持等のために慎重な配慮が必要な森林について、天然による更新力を活用した天然林施業を推進するとともに、皆伐施業を行なう場合には、きめ細かな施業方法の実施に努める」とされた。

具体的には、(1)皆伐新植の場合、皆伐箇所は努めて分散する。一伐採箇所の面積は、保安林では五ヘクタール以下、その他は二〇ヘクタール以下とする。保護樹帯の幅員は、おおむね三〇m（平坦地）～四〇m（傾斜地）以上を基準とする。造林木とともに成育を期待する有用な天然生の稚幼樹は、努めて保残（切らないで残す）する。(2)天然下種更新（皆伐後、保残した母樹からの種子による更新）により人工林とほぼ同程度の生産力を期待できる林分は、皆伐天然更新を行なう。(3)薪炭材等の生産を目的とし、ぼう芽による更新が十分期待できる林分は皆伐ぼう芽更新を行なう。(4)漸伐（予備伐、下種伐、後伐の三段階による伐採で下種伐時の種子による更新を図る）天然更新によって一斉林型に誘導することにより、人工林とほぼ同程度の生産力を期待できる林分では漸伐作業を行なう。(5)択伐天然更新によって複層林（林冠が層状になる森林）型に誘導することにより生産力の増大を期待できる林分は択伐作業を行なう、ということである。

新たな森林施業の実態

昭和三三年規程以降の大面積皆伐・一斉・同齢単純造林による弊害を反省し、国有林野の有する多面的機能の総合的発揮を目指し、施業方法の見直しを行なって樹立された「基本方針」に則って作成されたのが、「日光地域施業計画区第二次計画書」（昭和四八年〜昭和五二年）である。

この計画書は次のような見直しを行なっている。「特に自然保護運動が森林施業に対する批判となり、宇都宮事業区奥日光国有林の伐採については、ついに国会において政治問題化し、要改良の天然林伐採（天然林を伐採して針葉樹の人工林にすること）は再検討を迫られた」ため「本計画において、これら森林の公益的機能発揮の要請にこたえ、一箇所あたりの伐採面積の縮小、伐採箇所の分散、作業種の変更、人工林目標面積の縮小、貴重な動植物の保護、レクリエーションの森の設定等を行なって、従来の施業方法を大きく改訂する」とすることになった。特に、「奥日光の森林は、保健休養機能の他国土保全および水源涵養等公益的機能を有しており、近年これら自然に対する保護の要請が強くなっている」ので「国立公園の主要地点から望見できる箇所は伐採率の減少、伐採の見合わせを行なう」ことになった。この結果、標準伐採量は大幅に減少し、成長量の七割程度の伐採指定となった。

昭和五八年から始まる「日光地域施業計画区第四次計画書」では、伐採指定量は成長量の三分の一にまで減少しているが、それにもかかわらず、「伐採指定にあたって箇所付け困難な伐採量」を含み、伐採箇所を指定できないまま、伐採量だけ計上している。これは、伐りたくても伐るところがないということで、過去の、成長量を大幅に上回る大増伐の後遺症であり、保続にも破綻を来した結果である。

現在、奥日光の国有林では、主伐はほとんど行なわれていない。しかし、昭和三〇年代から四〇年代にかけて、天然林を皆伐した跡地に造林されたカラマツ人工林は、成長が悪くほとんどが不成績造林地となり、広葉樹の中にカラマツが点在する複層林となっている。

保残木作業で天然下種に期待しても、ササ生地のためほとんどが更新していない。昭和三〇年代に、成長林の五倍以上の伐採をしたツケが回ってきて、いまは、成長量の三分の一の伐採さえも、伐採箇所がないためこなしきれずにいる（『森林経理学論争の後遺症』）。

亜高山帯での森林施業

「新たな森林施業」では、亜高山帯森林における施業はこれまでの大面積皆伐方式から「非皆伐施業」方式に移行したといわれているが、国有林野事業の財政悪化にともない、「非皆伐施業」はともすると「省経費施業」（更新のために経費をかけない）になり、亜高山帯の森林環境に与える影響は深刻なものとなっている。

保安林にあっては、伐採面積はおおむね五ヘクタール以下とし、新生林分（新しい造林地）に接続して皆伐を行なう場合は、隣接の新生林分がおおむね鬱閉した後に行なう、とされているが、保安林内に林道が開設されて大面積の伐採予定地ができると、保残帯を設置することにより、特定の地域に碁盤目状に集中的・連続的な「小面積」皆伐が実行され、皆伐後は、天然下種更新第二類（天然更新に任せて放置する）に指定することにより保育経費の節約を図り、結果的には、大面積の「天然放置林」を現出させている。

林野庁は、「一般に人工林においては、前生林分の皆伐後一〇年前後が、山地の崩壊に対する抵抗力の最も減少している時期となる。したがって崩壊の危険性を小さく押さえ続けるためには、斜面ごとに一〇年前後の若い人工林が連続することのないように配慮すべきである」と指示している。しかし、「新たな森林施業」が発表された後も、指示の意図に反するような施業が行なわれている。

日光国立公園内の水源涵養保安林のケースを見てみる。

伐採のための林道を開設すると、沿道の大面積の亜高山帯の天然林を伐採することになるが、五ヘクタール規制があるため、幅三〇メートル程度の保護樹帯を設定して、五ヘクタール以下の伐区を碁盤の目のように連続させる。伐区内は皆伐し、保護樹帯は択伐が許可されているので価値の高い針葉樹や大径の広葉樹の良木択伐を行なう。三〇メートル程度の保護樹帯は次第に細くなり、皆伐跡地の天然更新は進まず、不成績造林地の連続となり、崩壊が始まっている。

一九七八（昭和五三）年から始まった「第三次施業計画」では、今市営林署の馬坂担当区で集中伐採が行なわれた。三三年規程では、経営の単位は事業所であったが、四四年規程により、宇都宮営林署と今市営林署とをあわせた日光地域施業計画区が経営の単位になった。第三次施業計画では、宇都宮営林署管内では伐採するところがないため、今市営林署の馬坂担当区に伐採箇所が集中したのである。

経営単位の拡大は、数営林署の事業を一営林署の特定の場に集中することにより、大面積の伐採を可能とした。このような実態を見ると、「大面積皆伐時代は終わった。新たな森林施業により公益的機能は重視されている」という声を信じることはできない（『実態調査』九二回日林論、一九八一年）。

平成三年規程の改正

一九九一（平成三）年には、経営規程の全面的な改正があった（以下、『国有林野管理経営規程の解説』日本林業調査会、一九九九年より引用する）。

主な改正点は(1)これまで一種、二種、三種としていた地種区分を改め、「国土保全林[注]」（一四〇万ヘクタール・国有林面積の約二割）、「自然維持林[注]」（一四〇万ヘクタール・同二割）、「森林空間利用林[注]」（六〇万ヘクタール・同一割）、「木材生産林[注]」（四一〇万ヘクタール・同五割）の四類型に区分し、すべての類型の国有林において、水源涵養機能の確保に努めることとした。(2)「機能類型の導入により、収穫規制の手法を改めた。まず、計画的な木材生産を行なうための標準伐採量は、木材生産林においてのみ定めるものとするとともに、伐採量は計画期間内の成長量の範囲内とすることとした。また量的生産を最大とする伐期齢の考え方を廃止し、多様な木材の需要にきめ細かく対応するため、木材生産林において生産目標ごとに生産群を設け、生産目標に応じた伐期齢等の基準の下に計画的な生産を行なうこととした。なお、自然維持林については原則として伐採を行なわないこととするほか、国土保安林および森林空間利用林については、第一とすべき機能の維持向上に必要な場合に限り伐採を行なうこととした。

四四年規程から見ると相当大胆な見直しをしているが、木材生産林が四一〇万ヘクタールもあるというのは、木材収入により借入金の返済に充てなくてはならない国有林の宿命である。

注「国土保全林」は、山地災害の防止等国土の保全を第一とすべき国有林野をいう。「自然維持林」は、原生的な森林生態系の維持等自然環境の保全を第一とすべき国有林野をいう。「森林空間利用林」は森林レクリエーション等国民の保健・文化的利用を第一とすべき国有林野をいう。「木材生産林」は木材生産等の産業活動を行なうべき国有林野をいう（国有林野経営規程第四条、国有林野の機能類型）

経営規程の法律化

木材価格は下落して林産物収入も上がらず、土地価格が低迷して林野等の売り払い収入も落ち込み、国有林野事業の経営状況は一層悪化した。

前にも述べたが、事態改善をはかるべく、一九九七（平成九）年に、財政構造改革会議が設置され、国有林野事業の累積債務問題の抜本的処理について取り上げられた。この処理の段階で、返済可能な一兆円の債務が国有林野事業に残された。

これまで、国有林野の管理経営については、国有林野経営規程、国有林野管理規程など、行政の内部規程に基づいて行なわれてきたが、「国有林野法」を「国有林野の管理経営に関する法律」（管理経営法）に改め、第四条で、「農林水産大臣は、政令で定めるところにより、五年ごとに一〇年を一期とする国有林野の管理経営に関する基本計画を定めなければならない」とし、経営規程は法的根拠をもつことになった。

『解説』によれば、平成一一年の国有林野管理経営規程では、国有林野の管理経営の方針を、木材生産機能重視から公益的機能重視に転換することとし、先の四類型を『水土保全林』（概ね三九〇万ヘクタール・国有林面積の約五割）、『森林と人との共生林』（概ね二〇〇万ヘクタール・約二割）『資源の循環利用林』（概ね一六〇万ヘクタール・約二割）の三機能類型に区分する。これによって公益林は八割に拡大し、木材生産等の産業活動を行なう「資源の循環利用林」は二割に減少した。山地災害防止又は水源かん養機能の発揮を第一とすべき「水土保全林」、生活環境保全又は保健文化機能の発揮を第一とすべき「森林と人との共生林」では、長伐期化、複層林化、針広混交林化を推進するとともに、拡大造林は原則停止とする、とされている。なお、ダムの上流部に位置する等水源かん養機能の発揮を第一とすべき森林については、水土保全林に編入することにより、公益林としての位置づけを明確にし、機能の維持増進を図るための管理経営を行なうこととしている。

しかし、返済可能債務として残された一兆円の借入金残額の返済のために、いまでも、「水土保全林」に区分されている亜高山帯のブナの天然林が伐採されている。

３　迷走する国有林

森林開発の顕在化

一九六九年には、新全国総合開発計画（新全総）が策定され、七二年に公表された田中角栄の日本列島改造論などにあおられて、森林地帯への開発が進み、林地開発や土地買い占めが横行し、各地に「自然を守る会」が結成され反対運動が活発化した。栃木県でも「日光の自然を守る会」を中心に県内の自然保護団体が「栃木県自然保護団体連絡協議会」を結成し、住民運動を支援した。

「新全総」では、国土開発の一環として一〇〇万ヘクタール以上もの林地が農業用地、工業用地そしてレジャー用地のために開発予定地とされた。大蔵省の調査によると、一九六九年から七三年までの五年間に国土面積の四％に相当する一五〇〇万ヘクタールもの土地が取引され、林地は総譲渡面積の四〇％、約六一万ヘクタールを占め、原野を含めた林野の取引面積は七〇万ヘクタール前後にも達した。こうして買い占められた林地は莫大な公共投資による交通網の整備とともにゴルフ場や別荘地、スキー場、レジャーランド等に開発されていく。七〇年代中葉までに約一〇万ヘクタールの森林がゴルフ場と化していった。新全総計画、列島改造政策、過剰流動性のもとに、都市の大資本が利潤率の高い投資対象として森林地帯の土地買い占め、乱開発に狂奔し、開発ブームの中で都市資本が森林を大規模に包摂化していったのである」（『日本の森林・緑資源』依光良三著・東洋経済新報社）。

森林の乱開発を防止するため、林野庁は、一九七四（昭和四九）年に、森林法の一部改正を行ない、第一〇条に第二項を設け、林地開発許可制度を創設した。しかし、対象となる林地は、一ヘクタールを超える民有林の開発行為で、⑴土砂災害を発生する恐れ、⑵水の確保に著しい支障を及ぼす恐れ、⑶環境を著しく悪化させる恐れ、がなければ、都道府県知事は「これを許可しなければならない」というものであり、国または地方公共団体が行なう場合は該当しない。林地開発を積極的に阻止するというものではなかった（一九九一年の森林法の一部改正により、水害の恐れが追加された）。

国有林破滅への第一歩

一九七〇年代になり、国有林の財政は急速に悪化し、七五年度からは恒常的に損失が発生するようになり、七六（昭和五一年）年には、赤字の穴埋めのため、財政投融資資金から四〇〇億円を借り入れた。これが国有林破滅への第一歩だった。

一九七八（昭和五三）年に、「国有林野事業改善特別措置法」（改善特措法）が制定され、「昭和七二年度までに国有林野事業の収支の均衡を回復する等その経営の健全性を確立することを目標とし、これに必要な基本的条件の整備を昭和六二年度までに完了することを旨とし」、国有林が自主的に経営改善を進めることを約束し、同年九月に、「国有林野事業の改善に関する計画」が策定された。

しかし、一九八三（昭和五八）年、臨時行政調査会第四部会で、「昭和七二年度までの収支均衡の目標達成が極めて困難な情勢である」とし、資産の活用の面から「国有林を森林レクリエーション事業等に積極的に活用し、国有林経営の改善に役立てる」という方向が打ち出された。これにより、自然度の高い亜高山帯の国有林における天然林の開発に拍車がかかり、自然環境の破壊に対する国民の非難が高まった。

一九八四（昭和五九）年一月一一日に、「国有林野事業の改革推進について（答申）」が林政審議会から公表された。

「自己資本の確保・増大」として、以下のように述べている。

「国有林野事業の主たる収入は木材の販売収入であるが、今後当分の間、伐採量の減少傾向が続く状況の下で、木材需要の動向に即応しながら極力収入の増大に努めていくことが重要である。（中略）今後、木材需要をめぐる厳しい情勢に対応して国有林野事業収入の確保・増大を図るため、新たな視点に立った積極的な販売戦略を導入する必要がある。

今日のように国有林野事業の財政が危機にあるときは、可能な限り資産の処分を行ない、自己収入をできるだけ多額にかつ早期に確保することによって支払利子・償還金の負担増加を抑制する必要がある。（中略）このような観点に立って、今後は、不要資産の売り払いは当然として、高地価地域に所在する庁舎・宿舎、苗畑・貯木場等の施設についても、積極的・計画的に廃止、立体化、低地価地域への移転等を行ない、跡地又は余剰地の売払いを実施し、収入の確保・増大に努める必要がある。

近年、緑資源の確保についての国民的要請が高まっており、森林の造成に自ら参加したり、林業に対する投資を通じて森林造成に協力したいという気運が高まっている。したがって、これらの期待にこたえるとともに、国有林野に多く存する若齢級人工林の整備充実のための資金の確保にも資するという観点に立って、都市住民等の参加による分収育林制度の早期導入を図るべきである。

国有林野は森林レクリエーションの場として利用できる景勝地等の適地が多いことから、レクリエーション地域の土地の高度利用と就労機会の増大等地域振興にも配慮しつつ、森林レクリエーション事業の積極的拡大を図り、国民の要請にこたえることが今後の国有林野事業にとって必要である。

以上のような考え方により、林野・土地売払い等を行ない、昭和六三年度までに、過去五カ年間の実績約一〇〇〇億円のほぼ三倍程度の収入確保に努める必要がある」

この答申を受けて、国有林野事業改善特別措置法の一部改正と国有林野法の一部を改正する法律が制定された。

森林は一〇〇年の大計といわれるのに、「改善特措法」は、わずか五年で改正され、その後も八七年、九一年と改正が続く。そのたびに、おざなりの「改善計画」が提示された。

九八年には「国有林野事業改革のための特別措置法」が制定され、「改善特措法」は廃止された。このように国有林は自己決定能力のないまま翻弄され、林政審議会もその機能を果たしていない。

分収育林と緑のオーナー制度

国有林野法の一部改正により、「国民の参加による国有林野の整備の促進を図るため、国有林野に分収育林制度を導入」した。分収育林制度とは「緑のオーナー制度」の導入である。第一章で述べたように、すでに、昭和五一年度から、民有林では、「分収育林（特定分収）契約」がモデル事業として試行され、赤信号が点滅していた時期である。

「一九八四（昭和五九）年現在、国有林の森林資源の現状は、人工林面積二三六万ヘクタールで人工林率は三四％に達していたが、その齢級構成は、三〇年生以下の若齢林が八割を占めていた。これらの若齢林は、除伐、間伐等の手入れが必要であるが、国有林の財政状況が悪化し、間伐等の手入れにも事欠く状態だったので、このための費用を国民に要請しようということになり、分収育林制度を取り入れたのである」（改正案の提出に至る経緯と背景・衆議院農林水産委員会調査室）。国有林の分収育林を緑のオーナーという。

緑のオーナーの公募概要によれば、対象森林はスギ、ヒノキ、トドマツを主とする二〇～三〇年生の人工林で、費用負担額は一口五〇万円（六三年度から一口二五万円も追加）。対象森林の持分の割合は、国と契約者（費用負担者）が各二分の一を基本とする。収益分収の方法は、契約期間満了時に立木を販売し、販売額を国と費用負担者で持分の割合により分収する。分収林の管理経営は営林局長の定める管理経営計画によって行なう。

平成二年の前橋営林局の「募集のご案内」には「国有林だから安心安全」とある。緑のオーナー公募箇所一覧表の表紙には、「緑のオーナー制度とは」の説明の中に、「将来、立木を伐採・販売したときにその収益を配分します。一口あたり、約一〇〇㎡の木造二階建住宅に使用される木材に相当する立木の成長が予想されます」と書かれていた。これは誤解を招きやすい表現だった。

林野庁のホームページによれば、契約者数は八万九〇〇〇人で契約金額は約五〇〇億円である。立木価格の推移を見ると、スギは一九八四（昭和五九）年に一立方メートルが一万六三四七円だったが、二〇〇六（平成一八）年には三三二一円で五分の一である。ヒノキも三万三〇六八円が一万一〇二四円と三分の一である。これは第一章でも述べたように、為替レートの変動の影響が大きい。このため、平成一一年度から平成一八年度末までに全国五〇七カ所で販売した分収額の平均は一口（五〇万円）あたり三二万七〇〇〇円、平成一八年度の二四〇カ所のうち、販売できた一六〇カ所の分収額は二九万五〇〇〇円だった。緑のオーナーの手元に戻った分収分は、出資金の六割以下が多い。

平成一九年八月三日の『朝日新聞』によれば、「国有林投資九割、元本割れ」という見出しで「緑のオーナー」について、各地の森林管理局に苦情が相次いでいるという。

筆者は、第九七回日本林学会大会で、『分収育林制度に関する一考察』（九七日林論）として学会発表を行なっている。問題点としてあげたのは、一つは「主伐材積の過大な予測」であり、もう一つは「木材価格は値下がりする」ということである。

主伐材積の予測については、対象林分の予想材積を広域の収穫表を使用して算出しているが、現実林分はその八〇％くらいなので、収益予想を大きく見せる水増しがあると思われる。また「『落ち込むことはまず考えられない』とした木材価格が昭和五五年より下落傾向を示し、素材生産費の高騰と相まって、立木価格は一層の下落となった」。「間伐材の市況は更に不況のため、その多くは捨て伐りとなるので収入は望むべくもない」。

「木材価格の長期的動向について、赤井英夫鹿児島大学教授（当時）は、『木材需要ののびやみと価格の低落は、決して一時的な木材市場の後退的局面のあらわれと理解すべきではなくて、大きな構造的変化としてとらえなくてはならないだろう』と指摘し、『立木価格も（中略）更に、一層の下落を見せている』ことを問題にしている」。

「分収育林制度は立木の分収であるので、立木価格の下落は分収収入の下落となり、将来の収益どころか元金の保証すら危うくなる可能性がある。国有林や公有林では分収育林制度の利用により育林資金を確保しようとしているが、モデル事業にみるように収益を分収する時点になって元本割れとなり、一般の人々の林業に対する不信感を一層加速する恐れがある。一般国民の立場に立って投資対象としてみた場合、分収育林制度は今後に問題を残すものと思う」。

学会発表は昭和六一年、赤井の論文（林業経済一九八五年）は昭和六〇年で、緑のオーナー制度はその年から始まっている。林野庁の担当者は、赤井の論文もみていないのだろうか。

筆者はまた、『国有林の財務に関する一考察』（一〇〇回日林論）で、分収育林制度について以下のように述べている。

「この分収育林制度は、伐期において収益を分収するので、三％の低利率でも、三〇年の契約期間終了時には、応募金額の約二倍を超える分収分を支払うことになり、形に表れない負債として、将来の収入減の一因になる。分収時で、三％程度の分収分も確保できないとすれば、緑のオーナーの不信を買うことになりかねない。このような負担を将来の国有林野事業に負担させることも問題となろう」。緑のオーナー制度は、契約金欲しさの「青田売り」である。

さらに問題なのは、緑のオーナー募集と抱き合わせた「ふれあいの郷」である（以下、『ふれあいの郷整備モデル事業に関する一考察』藤原信・三八回関東支論一九八六年より再録する）。

分収育林の制度化にともない「森林づくりの場の提供と併せ、その拠点となる滞在用施設用地の提供等を行なう『ふれあいの郷』整備モデル事業を実施し、都市住民等と森林との濃厚なふれあいを促進するとともに、農山村地域の振興等に資するものとする」（林野庁長官通達）という趣旨の下に、昭和六〇年から「ふれあいの郷」事業が始まった。

「軽井沢ふれあいの郷」のケースでは、貸付対象者は分収育林契約を三口以上締結している者である。分収育林の対象森林は二四〜三四年生までのカラマツで、契約期間は三六年。一口あたりの持分は〇・二ヘクタールである。対象森林がカラマツでは採算が懸念されるが、軽井沢に別荘が持てるということで競争率は高かったという。軽井沢の別荘が「農山村地域の振興等に資する」ことになるのか？　林野庁はいつから不動産屋になったのか。

別荘用地は保安林であるが、宅地部分の保安林を解除して別荘用地とした。不人気で緑のオーナーのなり手がいないので、国有林内の保安林を解除して別荘団地を造成し、別荘と抱き合わせで契約数を増やそうとしたことに、各地から非難の声が上がった。

リゾート法とヒューマン・グリーン・プラン

一九八七（昭和六二）年に、再度、「改善特措法」の一部改正が行なわれた。この年は「総合保養地域整備法」（リゾート法）が成立した年であり、日本をリゾートバブルに巻き込んだ年である。

一九八七（昭和六二）年五月二二日に成立した「リゾート法」と軌を一にして、同年二月九日に、「森林空間総合利用整備事業の実施について」という通達が林野庁から出されている。これを「ヒューマン・グリーン・プラン」という。「ふれあいの郷」事業もこれに組み込まれた。同年六月には、「第四次全国総合開発計画」（四全総）も閣議決定されたが、その中で、「リゾート地域の整備の促進」がうたわれている。世は挙げてリゾート開発へと突き進んでいった。

リゾート法による助成措置はいろいろあるが、日本の森林環境を大きく損壊したのは、第一四条「農地法等による処分についての配慮」であり、第一五条「国有林野の活用等」である。農地法等の「等」は森林法で厳しく規制している保安林制度についての「配慮」であり、国有林野の活用等というのは、国有林内にゴルフ場や別荘開発等のリゾート施設を作りやすくすることである。

リゾート法によるゴルフ場、スキー場、別荘開発などの乱開発は奥地の森林にまで及んできた。これまで聖域とされてきた亜高山帯の国有林の多くは保安林である。この地域にスキー場、ゴルフ場、別荘等を造成するには保安林の規制を外す必要があったのだろう。

リゾート法第一四条を補完する法律が、一九八九（平成元）年三月二八日に閣議決定され、国会に提出された、「森林の保健機能の増進に関する特別措置法」（森林特措法）である。この法律で特に問題となるのが、第六条「森林施業計画の変更等」、第七条「開発行為の許可の特例」、第八条「保安林における制限の特例」、第一〇条「国有林野の活用」であった（『リゾート開発への警鐘』藤原信他・リサイクル文化社・一九九〇年より引用）。

森林施業計画制度は一九六八（昭和四三）年に森林法を改正して創設されたもので、森林施業計画を実行している森林所有者は、各種優遇措置を受けて健全な森林を育成している。ところが第六条により「森林保健施設」というゴルフ場やスキー場、別荘開発のために森林施業計画を変更して、育成途上の森林が伐採できることになる。これは林業政策の点からも憂慮される事態である。

第一次開発ブームといわれた昭和四〇年代に、森林の乱開発を防止するために、森林法を改正して創設されたのが林地開発許可制度である。林地開発許可制度では、開発許可にあたり、防災の問題、水の問題、環境の問題、水害の問題に支障がないと認められることが許可の条件となっているが、森林特措法による「森林保健施設」については、第七条によって林地開発許可制度の手続きを経ないで林地開発が許可される。これにより、林地を転用したゴルフ場等の開設が急激に増加した。

保安林制度は森林法の柱の一つである。一一〇年前の一八九七（明治三〇）年の森林法の制定の当初から、保安林制度は盛り込まれている。戦後、各地で発生した水害に対して、森林の整備の必要から一九五四（昭和二九）年に「保安林整備特別措置法」が制定され、保安林の重点的な整備が進められた。これまでは保安林の中に施設を作る場合は、保安林解除の手続きが必要だった。しかし、森林特措法第八条により、「森林保健施設」を整備するための立木の伐採や整備をするために行なう行為は、森林法の保安林の規定は適用しない、となっている。ここでいう「森林保健施設」とは、ゴルフ場であり、スキー場であり、別荘であり、リゾートホテル、リゾートマンション等である。

「森林特措法」については、リゾート・ゴルフ場問題全国連絡会（代表・藤原信）を中心に、全国の自然保護団体、住民団体が結束して反対運動を展開し、通常国会では継続審議となったが、次の臨時国会の同年一二月一日に成立した。

ヒューマン・グリーン・プランの一事例

ヒューマン・グリーン・プランは、林野庁による森林特措法を活用したリゾート開発である。全国に一四五カ所の候補地があるが、現在指定されているのは二九地域である。ヒューマン・グリーン・プランにおける施設はスキー場、パブリックゴルフ場、総合レク施設、ホテル、ペンション、貸別荘、ふれあいの郷等である。

ケース・スタディとして、その一つである宮崎県の「一ツ葉」を検証する（『検証・リゾート開発（西日本編）』緑風出版）。

「一ッ葉」はリゾート法による「宮崎・日南海岸リゾート構想」の一環である。同構想は、一九八八年七月九日に、三重県、福島県とともに、第一号として指定認可を受けた。一ツ葉に開発される総合リゾート施設「シーガイア」の事業主体は宮崎県、宮崎市とフェニックス国際観光など民間企業一一社による第三セクター「フェニックスリゾート」で、一九八八年一二月に資本金三億円で設立された。

一九九三年七月三〇日に開業した第一期施設は、開閉ドーム型のウオーターパーク、ゴルフ場、テニスコート、コテージ、コンドミニアムで、投資額は五九二億円である。一九九四年一〇月三一日に開業した第二期施設は、地上四三階地下一階、高さ一五四メートル、建設費四一六億円のホテル「オーシャン四五」、国際会議場（建設費二八四億円）その他で、投資額は一二六二億円である。総事業費は広告・宣伝費等を含め二〇〇〇億円に達した。借入金の支払利子だけでも年間七〇億円といわれていた。

開発予定地の一ツ葉海岸は「国有保安林」であり、保安林のままではリゾート開発を許されない地域である。県は、一九九〇年四月二四日に、一ツ葉海岸の保安林の指定解除の予定告示を行なった。住民団体「宮崎の自然を守る会」は直ちに保安林解除の異議申し立てを行なったが、七月六日に却下された。

日向灘は全国でも有数の震源地であり、津波の多発海域である。一六六二年に県下最大の被害をもたらした「外所地震《とんどころじしん》」では、津波の高さは一〇メートルに達したといわれている。人びとは自らの生命と財産、生活を守るため、海岸にマツ林を植えてきた。地震災害を忘れないため、五〇年ごとに地震碑を建てているが、昭和三二年で六基目となったという。

マツ林は塩害、風害から田畑の農作物を守り、マツ林に沿って田園地帯が広がっている。明治に国有保安林になったマツ林は、昭和三〇年代になって、海側に新たに県有林がベルト状に植林された。

林野庁は、一九九〇年一二月一八日に、この区域をヒューマン・グリーン・プランに指定し、一九九一年に、「フェニックスリゾート」は、国有林一三四ヘクタールの使用許可を申請し許可されている。国有林のリゾート開発には、ヒューマン・グリーン・プランの指定が絶対条件だったので、一年前から、熊本営林局、宮崎県林務部とフェニックスリゾートの三者で協議を重ねていたので、使用許可申請は形式的なものであった。

ときの宮崎県知事松形祐堯は知事になる前は、昭和四九年から五一年まで林野庁長官（第一二代）であった。

一九九一年一月三〇日に宮崎県知事は国有保安林における作業を許可し、一月三一日に熊本営林局長が国有林の使用を許可した。森林法第三四条では、都道府県知事の許可を受けなければ、保安林での立木を伐採してはならないとされているが、解除予定保安林における作業は知事の許可があれば作業できるので、保安林のままゴルフ場、リゾート関係の諸施設を建設し、開業直前に保安林を解除すればいい、とされる。

一九九一年二月一六日に、住民の抗議を受けながら、マツ林の伐採が始まり、一三四ヘクタールの国有保安林のうちの六一ヘクタール、樹齢五〇年から二〇〇年のマツ約一〇万本が伐採され、三月二五日に第一期工事が着工された。

工事を開始した「シーガイア」は建設途中で資金調達に難航した。これは土地が国有林からの借地であるため融資の担保にできないことがネックであった。一九九六年九月に、熊本営林局はフェニックスリゾートに貸してある一三四ヘクタールの国有林を約一〇〇億円という安値で売却した。これは、同社が経営安定のため、払い下げを強く要請したことによるものである。赤字会社が更に借金をして国有地の買収をしたのは、国有林の借地では担保に出せないことと、同社が倒産した場合、土地を競売して貸付金の回収をしようという狙いである。

ヒューマン・グリーン・プランは国有林の森林空間利用が建前なので、本来は国有林を借地しての利用であるが、一九九一年に、林野庁長官は、「国有林野等資産処分の実施方針」という通達を出し、森林空間利用林は原則として処分の対象とはしないが、事業の公共性などの特例基準を満たせば売却できることにした。このようなご都合主義が通達で容易にできることに国有林問題がある。

環境整備のために国土庁はアクセス道路に四億円を投入、県は九四年までに二一三億円、市は一四〇億円を投資し、さらに県は六〇億円を無利子融資し、固定資産の軽減などの優遇措置を講じた。

一九九九年末、累積赤字は一一一五億円を突破した。メイン銀行の第一勧業銀行（当時）が新規融資を打ち切り撤退を表明した。松形知事はシーガイア維持のため基金の設立を図り、県が六〇億円を出資し、その中から二五億円を運転資金としてシーガイアに拠出した。しかしそれも〝焼け石に水〟で、二〇〇一年に三二六一億円の負債を抱えて倒産。その後アメリカの投資会社リップルウッド・ホールディング社が、一六二億円で経営権を取得した。

海岸保安林を伐採し、国有林を安値で外資に売り渡した「ヒューマン・グリーン・プラン」とは何だったのか。この例をみてもヒューマン・グリーン・プランがいかにずさんで、犯罪的なものかが明らかだ。

一九七六（昭和五二）年に、財政投融資資金から借りた四〇〇億円が、その後の国有林の迷走を生み、破滅への道を歩くことになったのである。宮崎県知事の松形祐堯は昭和四九年から五一年まで林野庁長官であった。この事態をどう思っているのだろうか。

シーガイアの顚末は、明治初期に起こった「北海道開拓使官有物払下げ事件」を想起する。この事件は、一四〇〇万円（当時）を投じた官有物を三八万円の安値で売り払う計画であり、これに反対した大隈重信が追放されたという、政界を揺るがした事件である。

三〇〇〇億円以上を投じた第三セクターを、一六二億円で外資に売り渡したシーガイアにより、宮崎県や宮崎市の受けた損害は大きいし、国有林を払い下げた林野庁にも責任がある。

４　国有林再生への提言

破綻する国有林

一九九〇年に、総務省は「国有林野事業に関する行政監察結果に基づく勧告」を行ない、累積債務の処理方法の検討を求めたが、ことここに至っては、林野庁には自力でこれを解決する気力も能力もなく、九六年には会計検査院より、「国有林野事業は、現状のままでは経営の健全化は困難」と指摘されている（笠原義人編著『どうする国有林』）。

国有林野事業は、四次にわたる改善計画の実施にもかかわらず、一九九六（平成八）年には多額の累積債務を抱え、厳しい経営に追い込まれた。同年一一月に、林政審議会に森林・林業基本問題部会が設置され、国有林野事業の抜本的な改革についての審議が始まった。一二月には行政改革プログラムが閣議決定され、平成九年中に組織機構の簡素化・合理化、要員規模の縮減等国有林野事業の経営の健全化のための抜本的改善策を検討・策定の上、所要の法律案を平成一〇年の通常国会に提出するとともに、所要の財政措置を講ずることとされた（『国有林野事業の抜本的改革』林野庁監修）。

国有林再生への提言

農林出版社では、一九九七（平成九）年一月から二月にかけて、『週刊農林』誌に、「国有林野改革」の特集を組み、各界からの意見を掲載した。

著者の意見は以下のようであるが、賛同する意見は少なかった。

「（前略）泥沼というべき事態を解決するには、改革などという生温いことではなく、革命的な手法をとらざるをえないだろう。その一方策として、自然環境に配慮すべき国有林を環境庁に譲渡し、環境庁に自然環境の保全を任せることを提言する。

一般に、公園には営造物公園と地域性公園がある。営造物公園というのは、公園の設定者が土地を所有し管理権をもつもの（国有・国営）をいい、地域性公園というのは、土地の所有者に関係なく、一定の条件を備えた地域（国有地も民有地も一括）を公園地域に指定し、風致景観の保護のため公用制限を行なうものをいう。アメリカやカナダのように、国土面積が大きく、広大な原始景観をもつ国では、国立公園等の設定にあたり、国有地を大きく囲い込んで自然景観の保存を重点に管理する『営造物公園』として、公園内での利用を厳しく制限することができる。しかし、日本やイギリスのように、国土面積が小さくて人口密度が高い国は、公園に指定した地域内に多くの民有地を含む『地域性公園』の形をとらざるをえないため、『すぐれた自然の風景地を保護するとともに、その利用の増進を図り』（自然公園法第一条）と規定せざるをえない。

このため、日本の自然保護行政は、国立公園内の民有地を買い占めた開発業者が『利用の増進』を楯にとって開発を迫るのを止めることができなかった。

国立公園内の国有林でも、地主である林野庁の乱伐に歯止めがかけられなかった。リゾート法の施行以来、国有林がリゾート開発の格好のターゲットとなるや、国有林の財政赤字の解消のための土地・林地の売り払いや借地料稼ぎのためのスキー場、ゴルフ場やリゾート施設の開発を促進する林野庁の暴挙を止めることもできなかった。このままでは、わが国の国立公園は、国有地、民有地とも『利用の増進』の犠牲になることが懸念されている。

林野庁所管の国有林の約二四〇万ヘクタールが自然公園に指定されている。これは自然公園面積の五〇％弱である。このほか自然公園には指定されていないが、地域の自然環境の保全に必要と思われる国有林を加えれば、約四〇〇万ヘクタールが、自然環境を保全するためのすぐれた風景地となる。

この四〇〇万ヘクタールの国有林を、林野庁から環境庁に管理替えすることにより、わが国の自然公園の中に『営造物公園』を設定することができ、保護に重点を置いた自然保護行政を行なうことができる（中略）とすれば、これまで何度も聞かされてきた環境庁の泣き言、『何しろ地主さんが……』という愚痴を聞かなくて済む。

四〇〇万ヘクタールの土地を林野庁から譲ってもらう環境庁は当然、土地・林地と立木の対価を払う必要がある。

林野庁の抱える長期借入金は、平成八年度末で三兆五〇〇〇億円になるといわれている。九年度の借入金は三五九五億円で、元利償還金は三一六八億円、そのうちの利子の支払いだけでも一七九二億円で償還金は一三七六億円である（実績）。今後一層のサラ金地獄に堕ちていくことになる。この悪循環を断ち切るには生半可な方法での解決はあり得ない。そこで長期借入金の元本に当たる三兆五〇〇〇億円は環境庁が肩代わりし、土地・林地および立木の対価とし、一般会計からの環境庁予算を増加して、一〇年計画か二〇年計画で分割払いとする（中略・環境庁が予算化している『緑のダイヤモンド計画』について記述）。ハコモノ造りよりも、すぐれた景観の森林を買い入れる方がはるかに有意義である。日本の自然環境を守るため、環境資源に値する国有林を、環境庁が名実ともに所有・管理することについて、多くの国民のコンセンサスはえられると思うので、この予算措置は多くの国民に歓迎されるだろう。

いま林野庁は、財政再建のためと称して、優秀な林業技術者の首を切っている。まったくもったいない話だ。このすぐれた人材を環境庁の職員として採用し、森林環境の保全のために働いてもらう。

残る約三五〇万ヘクタールの国有林は、『経済林』として林野庁が経営して木材生産に寄与するとともに、余剰金が出れば、長期借入金の利子に充当する（中略）。

国有林が財政投融資資金を借り入れて赤字の穴埋めを図ったことについては、常識では理解できない。林業利回りが、財投資金の貸出金利を上回ると思っていたのなら、当時の林野庁幹部の能力を疑わざるをえない。判断を誤った歴代の林野庁幹部はどう責任をとるのか。

長期借入金を林野庁の自助努力で解消できると思っているものはいないと思うし、この処理を適切に解消しなくては、国有林の再生などあり得ない。国有林に貸し付けてある財投資金は、このままでは不良債権化してしまうので、税金で穴埋めせざるをえないが、納得できるような大義名分がなければ、国民はそれを許さないだろう」（『週刊農林』第一六四三号、一九九七年一月五日）

以上、長くなったが、著者は、いまでもこの解決策がベストだと思っている。

著者は、本論文のような意見書を、行政改革会議に提出したし、日本自然保護協会も、同様趣旨の意見書を提出したと聞いている。地球温暖化防止に対する森林の役割が重要視されているいまこそ、この提言に賛同する意見は多くなっていると思う。

環境庁の環境省への格上げ

一九九七（平成九）年九月三日に出された行政改革会議の中間報告においては、「橋本総理大臣の強い意向を受けて、建設省（河川局を除く）及び運輸省を統合して国土開発省とするとともに、農林水産省と建設省河川局を統合して国土保全省とすることとされていた。同時に、環境庁を環境省に格上げするとともに、森林のうち原生林の一部についてもその所管の下に置くことを検討することとされていた」。「環境庁は環境省に格上げすることとなったが、原生林については、森林の一体的管理の観点から、引き続き林野庁の下でそれ以外の森林と一体的に管理することとされた」。「このように、行政改革会議においては、最終的に、林野庁の組織の大枠に大きな変更を求めなかったが、国有林野事業のあり方については、管理組織等について抜本的な改革を行なう必要があることから、①独立採算性を前提とした現業としての形態は廃止する。②国の役割は森林計画の策定、治山等管理業務に限定する。③組織・要員の規模は必要最小限のものとし、効率的な組織を構築するなどとされた」（『国有林野事業の抜本的改革』林野庁監修）。

この行政改革は、国有林内の自然度の高い森林を環境省に移管する絶好の機会だったが、原生林等を環境省に移管することについては、農林族の強い反対があったと聞いている。

再び提言する

「林政審報告への反論＆対案」として九七年一〇月に、『週刊農林』が、再び、特集を組んだ。国有林再生への提言として、著者は、「環境庁有償移管で公益機能維持」として意見を述べた。以下再録する。

「（前略）林野庁が、国有林の公益的機能を重視する経営を行ない、自然を守り、森林の保続を図っていれば、国民経済に多大の迷惑をかけるような事態にはいたらなかったのではないか？　それを、保続表法なるマヤカシ論で『保続』を破壊し、『法正林思想』を否定し、公益性よりも収益性、経済性を優先させ、成長量以上の伐採を強行して自然破壊・環境破壊を行ない、森林の公益的機能を喪失させたのは、そしていまもそれを続けているのは林野庁ではないのか？　奥地天然林を乱伐し、それにも懲りず、必要もない大規模林道事業をいまも推し進めている林野庁が、『公益的機能整備』重視の管理経営型の転換など、今更何をという感じがする。

森林の公益的機能を維持するには、四〇〇万ヘクタールの国有林を環境庁に有償で移管し、環境庁による『国有国営』の自然公園にすることである。国民が期待しているのは、森林の有する『公益的機能』を国民に還元して欲しいということである（中略）。

森林のもつ公益的機能を重視する経営を行なうには、森林経営は原則として国有国営が望ましい。国有林を民間に委託して、森林の公益的機能の保全が図れると思うか？　むしろ、いいとこだけを切りとられて、儲からないところは放置され、森林の荒廃は一層進むことになる。国有林の森林施業の民間委託化は、国民が森林に期待している『公益的機能』の維持を裏切る結果になるので認められない。

（中略）国民が納得する方法は、環境庁への有償移管が最も妥当であり、国民が期待する環境資源としての森林への対価とすれば、三兆八〇〇〇億円を一般会計で負担することも認められるだろう。これまで、環境庁が、国立公園での環境行政を行なうにあたり、地主である林野庁の横暴に泣いてきたが、国有林の所有・管理・運営を環境庁に移すことにより、環境庁による自然保護行政を厳格に行うことができるようになる。

林業会計学を専門とする研究者の多くは、林業収益の認識に『成長量収益説』をとっている。未実現利益の問題はあるが、国有林の会計制度に、アメリカ会計学でいう『保有利得』（時価主義会計により保有する利得を収益として認識すること）の考え方を導入して国有林会計の見直しを行ない、時価評価での貸借対照表を作成して経営分析をしてみれば、新たな解決策が見つかる可能性がある。

国有林の経営を不健全な形にしたことは、林野庁の責任であるが、未実現の成長量の質的な向上を図るような森林施業を実施することにより、国有林の再生は可能と思う。三兆八〇〇〇億円の累積債務は一日五億円の利子がかかるので、一日も早く解決すべきであるが、繰り返していうが、経営破綻の責任を明らかにしないまま、累積債務を国債で肩代わりし、一般会計の負担とすることには、国民のコンセンサスは得られない（中略）。

累積債務よりは少額であるが、和牛商法まがいの『緑のオーナー』についてはどうするのか？　一般庶民の夢を食い物にしたうえ、将来確実に収入減となる〝隠れ借金〟の『緑のオーナー』をいつまで続けるつもりなのか？

国有林は国民の共有財産である。国有林のあり方について、公募による公聴会などで広く国民の意見を聴くべきである」（『週刊農林』第一六六八号、一九九七年一〇月五日）。

筆者はまた、一九九七年一一月に、朝日新聞『論壇』において、『環境庁を拡充して環境省に』として以下の提言をしている。

「自然度の高い国有林を『環境省』に管理替えして、林野庁が切り捨てようとしている林業技術者を、森林環境保全のため『環境省の職員』として採用すべきである。わが国の環境行政が後退することのないよう、行政改革会議の良識に期待したい」

一九九九年には、「中央省庁改革関連法案」（環境庁を環境省に昇格させる案を含む）審議の中で、五月の衆議院本会議で公明党が「林野行政（林野庁）を環境省に編入すべきではないか」と質問し、修正案提出を示唆。結局、「農政と林政は一体的組織で」という自民党などの移管反対で、公明党は法案修正を断念した経緯もある（以上、香田徹也編『日本近代林政年表』二〇〇〇年、ほか）（『どうする国有林』より引用）。自然度の高い国有林を環境省に移管しようという意見は、今後多くなることと思う。

国有林野事業の抜本的改革に向けて

一九九七（平成九）年九月七日に、林政審議会森林・林業基本問題部会は、中間報告（国有林野事業の抜本的改革の方向）をとりまとめた。この中で、国有林を「国民の」共通財産として、「国民の参加により」かつ「国民のため」に経営管理し、名実ともに「国民の森林」とすべきであるとの考えの下、①国有林野の森林整備の方針を木材生産重視から国土・環境保全等の公益的機能重視に転換する（②以下略）などの方向が示された。この中間報告の内容は、その後、同年一二月一八日にまとめられた最終報告「林政の基本方向と国有林野事業の抜本的改革」の国有林に関する部分にほぼそのままの形で取り入れられるところとなった（『国有林野事業の抜本的改革』林野庁監修）。

林政審議会の最終答申、行政改革会議及び財政構造改革会議の決定等を踏まえて決定された平成一〇年度の政府予算案において、国有林野事業の抜本的改革案が次のように示された。

ア　公益的機能重視への転換

国有林野の管理経営の方針を、木材生産機能重視から公益的機能重視に転換することとする。このため、従来の四機能類型に代えて、平成八年に策定された森林資源基本計画の森林整備の推進方向に沿って、水土保全林、森林と人との共生林及び資源の循環利用林の三機能類型に区分する。これによって、公益林（水土保全林及び森林と人との共生林：従来は国土保全林、自然維持林及び森林空間利用林）を約五割から約八割に拡大する。また水土保全林等において、長伐期化、複層林化、針広混交林化を推進するとともに、拡大造林は原則停止することとする（以下略）。

平成一一（一九九九）年一月から平成二一（二〇〇九）年三月三一日までを計画期間とする「管

理経営基本計画」の「国有林の管理経営に関する基本方針」には、「公益的機能の維持増進を旨とした管理経営への転換」として以下のように述べている。

わが国の国有林野は、奥地脊梁山地（分水嶺となる山地）や水源地域に広く所在しており、かつ地域特有の景観や豊富な生態系を有する森林も多く、その適切な管理経営を通じて、国土の保全その他の公益的機能の高度発揮に重要な役割を果たしている。近年においては、このような森林の有する公益的機能の発揮への期待が高まり、とりわけ地球温暖化の防止や生物多様性の確保等の観点から地球的規模で森林を持続的に利用管理するという認識が急速に広まるとともに、森林とのふれあいに対する期待が高まるなど、森林に対する国民の要請が多様化してきている（中略）。

これまで国有林全体の五割を占めていた木材生産の機能の発揮を第一とする森林については、「資源の循環利用林」として二割に縮小する一方、山地災害の防止、水源かん養等の機能を第一とする森林については、「水土保全林」、森林生態系の保全、保健文化等の機能を第一とする森林については、「森林と人との共生林」に区分し、これらをいわゆる公益林として八割に拡大する。

森林の取扱については、流域毎の自然的特性を勘案しつつ、機能類型区分ごとの管理経営の考え方に即して適切な施業を推進することとする。この場合、公益林を中心に、林木だけでなく下層植生や動物相、表土の保全等森林生態系全般に着目して公益的機能の向上に配慮するものとする。特に、今回拡充することにした「水土保全林」については、伐採年齢の長期化、林齢や樹種の違う高さの異なる複層状態の森林の整備、小面積・モザイク的配置に留意した施業を行なうなど災害に強い国土基盤の形成、良質な水の安定的な供給を確保する観点をより重視した管理経営を計画的かつ効率的に推進するものとする。

国有林野の適切な管理経営に必要な財政措置として、公益林の保全管理等に必要な経費の一般会計からの繰入を行なうこととし、独立採算性を前提とした特別会計制度から、一般会計繰入を前提とした特別会計制度に移行する（『国有林野事業の抜本的改革』）。

『国有林野管理経営規程の解説』によれば、機能類型別の面積は、水土保全林は概ね三九〇万ヘクタール（五割）、森林と人との共生林は概ね二〇〇万ヘクタール（三割）、資源の循環利用林は概ね一六〇万ヘクタール（二割）である。

二〇〇九年一月二七日に、千葉県の鬼泪山《きなだやま》国有林の山砂採取について、県土石採取対策審議会が開かれた。これまでの国有林なら、長期債務の返済のため、土石を売って少しでも収入を上げようとしたことだろう。しかし、一般会計による肩代わりで、国民に負担をかけることになり、しかも、国有林野事業の抜本的改革の方向がうちだされ、国有林を「国民の」共通財産として、「国民の参加により」かつ「国民のため」に経営管理し、名実ともに「国民の森林」

とすべきであるとの考えの下、①国有林野の森林整備の方針を木材生産重視から国土・環境保全等の公益的機能重視に転換（②以下略）などの方向が示されているので、山砂採取が認められることはないと考えられる。

「国有林の管理経営に関する基本方針」でも、「公益的機能の維持増進を旨とした管理経営への転換」として、「公益林を中心に、林木だけでなく下層植生や動物相、表土の保全等森林生態系全般に着目して公益的機能の向上に配慮するものとする」とされている。これまで千葉県の山砂等は、公共性の高い事業にのみ許可されていたが、今回は採取業者が、「生コンクリート用の砂が枯渇しているから」という理由で、国有林の山砂の採取を求めたものである。

鬼泪山国有林は、資源の循環利用林に区分されていて、現在、間伐が終了した若齢林が生育している。山砂採取には、生育途上の若齢林を伐採し、表土を剥いで山砂を採取するというものので、採取期間は当面一〇年としているが、全体計画では五〇年ともいわれている。資源の循環利用に支障が出ることは明らかである。

この取扱いを見れば国有林が、真に公益的機能を重視し、「国民のため」に管理経営をするのか、その場限りの言い訳だったのか、その対応が「踏み絵」になると思う。

木材生産重視から公益的機能重視への転換

平成八（一九九六）年以来、林政審議会、行政改革会議や財政構造改革会議等において議論を重ねた末、国有林経営は、木材生産重視から公益的機能重視に大きく方向転換して歩きだした。

国有林の抜本的改革案は、平成九（一九九七）年一二月五日に、平成一〇年度概算予算の政府案が決定する際、国鉄の長期債務処理案とともに、「国鉄長期債務の処理のための具体的方策及び国有林野事業の抜本的改革について」として閣議決定された。

この閣議決定に基づき、政府は、この抜本的改革を具現化するための所要の二法律案を、平成一〇（一九九八）年二月二〇日に第一四二回国会に提出した。

その概要は以下の通りである。

(1)　国有林野事業の改革のための特別措置法案

①　国有林野事業の管理経営の基本方針を木材生産重視から公益的機能重視へ転換するとともに、民間事業者を活用しつつ効率的な事業運営に努める。

②　組織・要員の合理化を推進することとし、そのための特別給付金の支給等の措置を実施する。

③　約二兆八〇〇〇億円の累積債務を平成一〇年一〇月一日に一般会計に承継するとともに、残り約一兆円の債務の確実な処理のための借換借入金、借入金利子に対する一般会計の繰入等の措置を講ずる。

(2)　国有林野事業の改革のための関係法律の整備に関する法律案

①　国有林野法の一部改正

国有林野法を「国有林野の管理経営に関する法律」に改正し、国有林野の管理経営の目的等を明示するとともに、国民の意見を踏まえた管理経営計画の策定、公表や国有林野の利用の増進のための措置を講ずる。

②　国有林野事業特別会計法の一部改正

国有林野事業について、森林の公益的機能の維持を図りつつ運営する旨を目的に追加するとともに、公益林の管理費、事業施設費等に対する一般会計繰入を恒久化する。

③　農林水産省設置法の一部改正

④　国有林野の活用に関する法律の一部改正

国有林野関係二法案は、一〇月一五日に可決され、一〇月一九日に、公布・施行された。これにより、これまで内部通達だった国有林野経営規程が法律となり、国会の審議のないまに林野庁が勝手に変更することができなくなった。また懸案だった長期債務のうちの二兆八〇〇〇億円が一般会計に肩代わりされた。

これにより、不十分ながらも、国有林の再生への一歩が踏み出されることになった（『国有林野事業の抜本的改革』林野庁監修）。

行革推進法による大改悪

ところが、国有林にとって大問題が発生したのである。

二〇〇八年、緊急出版された笠原義人編著『どうする国有林』は、国民の知らないうちに「国民の森林」である国有林を解体する動きについて、その事情を明らかにし、我々国民に対して呼びかけを行なっている。以下、『どうする国有林』を参考に、問題点を明らかにする。

『どうする国有林』によれば、「二〇〇六年の通常国会で、『簡素で効率的な政府を実現するための行政改革の推進に関する法律』（行革推進法）が成立し、同年六月二日に公布、即日施行されました。同法は、国有林野事業について、二〇一一年三月三一日までに、①国有林野事業の一部を独立行政法人（非公務員型）に移行、②国有林野事業特別会計を廃止し、一般会計に統合、について検討すべきことを定めています。

政府は、この法律により、三公社五現業のうち最後に残った唯一の国営企業・国有林野事業の『大改革』に向けて走り出しました。改革の具体的な姿は執筆時点の〇八年三月現在、行政内部で検討中で、国民の前に具体案は示されていませんが、今後の検討次第では、明治初年に国有林成立以来の大改革となる可能性をはらんでいます。新自由主義経済体制の下で、国有林はこの先どこへ行こうとしているのでしょうか」と警鐘を鳴らしている。

「行革推進法制定のいきさつ」として、「行政改革推進法を制定しようという構想は、直接には、二〇〇五年の衆院選（いわゆる『郵政選挙』）で大勝した自民党が、検討を加速させる中で出てきた」もので、「発端は民間委員の二枚のペーパー」として、以下、この内容を紹介している。

「このうち、国有林改革についていては、具体的には、『郵政選挙』直後の〇五年一〇月に開かれた第二二回経済財政諮問会議（内閣設置法に規定されている政府組織。議長・小泉首相）に、民間委員四人（牛尾治朗・奥田碩氏ら四氏）が提出した二枚のペーパーから議論が始まりました。一枚は『特別会計・特定財源問題の改革について』のペーパーで、三一ある国の特別会計の改革を提起した中で、国有林野事業特別会計について、これを廃止し一般会計化する、というもの。もう一枚は、『総人件費改革について〜「基本方針」の策定に向けて〜』のペーパーで、森林管理部門（国有林のこと）を非公務員型独立法人化する、というものです」

これは郵政民営化に続けて国有林の民営化をすすめ、「改革利権」としようとする小泉・竹中路線の企みである。

「国民的議論のいとまもなく法律に」した点についていては次のように指摘している。「これは、国有林のあり方に大きな影響を及ぼし、ひいては国民の生活にも関わる構想です。しかしこのペーパーが提示されるまで、だれも国有林に関してこんな構想があることを知らず、いわば助走期間がまったくない、藪から棒の話として出てきました。本来なら林業界を揺るがす事案のはずですが、ほとんどそのまま、その年の暮れの政府方針『行政改革の重要方針』（〇五年一二月二四日閣議決定）となり、さらにこの『重要方針』の各項目をほとんどそのまま法律の姿に整えて『行政改革推進法』として翌〇六年三月一〇日、通常国会に提出されました」

「法案の内容があまりにも多岐にわたっているため、国会審議で国有林についてつっこんだ議論はなく、結局、行政改革推進法案は自民・公明両党の賛成多数により（民主・共産・社民の三党は反対）、無修正で〇六年五月に成立しました。

民間四委員がペーパーを提示してから法律制定まで七カ月ほどの猛スピードでした。

国有林の所管官庁である当の林野庁内部でもこの法案の内容やその与える影響等についての対応を十分検討するいとまがなく、林業団体や環境団体も声すら発せず、与党自民党の内部審議も難なくパスしたらしく、あれよあれよの展開で、『官邸主導とはこういうことだ』、という小泉流政治の、いま一つのあざやかな手並みでした」

「改めて立法化の経緯を振り返ってみると、ことの発端は、二〇〇五年一〇月の第二二回経済財政諮問会議でした。この諮問会議は、ほとんど毎回、民間委員のペーパーでの提案を閣僚（委員）たちが議論し、終わり頃に竹中平蔵内閣府特命担当（経済財政政策担当）大臣が集約、議長（小泉首相）がそれに対してＯＫまたは一言コメントする、というパターンで進められていたようです」。「かくして、国有林『大改革』は、この日の首相官邸四階大会議室での一時間足らずの会議の中で民間委員から発議され、即決定されたのでした」。

「この法律が成立してから一年半以上が経過した現在（二〇〇八年三月）になっても、多くの国民は国有林の将来を決めた法律がすでに制定されていることさえ知らずにいるのが実情でしょう。（中略）政府部内では、すでにこの間に、同法の具体化に関連して、次のような動きがあります。第一に、行政改革推進法を受けて、国有林の主管官庁である林野庁の国有林野部経営企画課内に、プロジェクトチーム～非公式の『国有林野事業改革検討室』（八人体制、室長は本省課長級の総合調整企画官）が設置され、内部検討がスタートしました。しかし、ここでの検討内容については、〇八年三月になってもまったく発表がなく、一般国民は、法律等のわずかな公開情報を手がかりに、想像をまじえて推量するしかない状態におかれています」。「林野庁は『大改革』に関する情報を発信せずに密室作業を続けています」（『どうする国有林』）。

国有林が本当に「国民の森林」であるならば、多くの国民に実情を知らせ、この問題について、国民の支援を求めるべきであるにもかかわらず、国民はカヤの外におかれている。

国有林解体に反対する

「国有林野事業の解体・分割・独立行政法人化の方向が法律で決められてしまいました」。「本書（『どうする国有林』）は、いままさに解体・分割されようとしている国有林野事業の『改革』方向に異議を唱え、二一世紀の世代に残っていて良かったといわれる、真の国民のための国有林の再生を求める政策提言を企画したものです。日本の国有林、わが国の森林を、健全な状態に再生させ、次世代に引き継ぐために、いま私たちは何をなすべきかを、皆さんとともに考え、行動につなげていきたいと思います」と笠原義人宇都宮大学名誉教授は呼びかけている。私たちは、笠原教授ほかの呼びかけに応じ、国民運動を起こして、「国有林の独立行政法人化」に反対し、これを阻止する必要がある。

調子の良いことばかりいう御用学者を集め、ひたすら林野庁内での出世を求めて学閥人事を行なっている林野庁幹部に、国有林を立て直す意欲を感じることはできない。

国有林をどうするかについては、笠原教授らの提言があるが、ここで改めて、国有林再生への「提言」を行なう。

国有林を環境省の所管に

八割（五九〇〇万ヘクタール）に拡大された「公益林」は、林野庁より環境省に移管し、環境行政の一環として保全すべきである。「とりわけ地球温暖化の防止や生物多様性の確保等の観点から地球的規模で森林を持続的に利用管理する」というのであれば、環境省所管の国有林が望ましい。林野庁は人員削減のため、公益林の管理経営には手が回らない恐れがあるので、環境省で一万人のフォレストレンジャーを配置することにより管理経営をすれば、公益林としての機能を満度に発揮することができる。

自然公園は、国有・国営の「営造物公園」であることが望ましい。

地球温暖化防止のための森林の維持管理は、環境行政にとっても不可欠である。

林野庁は、残る二割（一六〇万ヘクタール）の森林を国有・国営の「保続林」として、輪伐期百年の長伐期施業とする。必要な径級の木材は間伐木を利用して、森林の保続に努めるとともに、保続計画の過程で生み出された木材を有効に利用する。その際、これまでの木材生産重視から公益的機能重視へ転換した立場を堅持すれば、地球環境の問題にも充分胸を張っていけることと思う。

この「提言」が実現するまで、粘り強く主張を続けていく。

郵政民営化による「かんぽの宿」売却の経緯をみても、万一、国有林を独立行政法人化すれば、同様の問題が派生する恐れがある。もって「他山の石」とすべきである。

国有林を独立行政法人にし、市場原理主義を「隠れ蓑」にうごめく「改革利権」の犠牲にしてはならない。

第3章　森林経理学論争

1　森林経理学について

森林経理学の指導原則

森林経理学はドイツの官房学の一分科であり、一八世紀末から一九世紀初頭に、林学専攻の学者によって確立されたものである。

井上由扶九州大学名誉教授によれば、「わが国における森林施業の計画化に対する芽生えは、すでに一七世紀のはじめ頃から、藩有林の環境に即した方式を定めたものがあるが、科学としての森林経理学は、欧州諸国ことにドイツの森林経理方式を明治の初期から中期頃に持ち込んだものである」とのことである。

以下、井上由扶九州大学名誉教授の著書『森林経理学』（地球社、昭和四九年）等を参考に、森林経理学について解説する。

井上は、「森林経理学は林業経営の計画的組織化に関する学問であって、森林施業計画の研究を実践的任務とする。すなわち、林業経営の目的を達成するために、秩序だった森林施業の計画を樹てる理論および方法を研究対象とする応用科学であるということができる」と定義している。そして「森林経理学は林業経営の保続性を基本原理とし、施業計画の編成を実質的任務として発展した学問ということができる」と述べている。

井上は、林業経営の指導原則を以下の三つに分けている。

(1)　経済原則　①公共性、②収益性、③経済性、④生産性

(2)　福祉原則　①合自然性、②環境保全、③森林美

(3)　保続原則

保続原則について、「林業経営は、人類社会の要望に対応して、森林のもつ機能を永続的・均等的・恒常的に活用するように、その経営に努力しなければならないという原則である」といい、「森林の活用を人類社会の厚生福祉におく広義の林業経営は、人的・物的・経済的組織による一つの有機的な組織体である。この有機的統一的組織体としての経営を、動的経済下で運営するための究極的指導原理は『経営の維持』としての保続性以外にはありえない」と述べている。

森林経理学では、林業経営の指導原則として、「保続原則」とともに「合自然性原則」も挙

げている。

井上は、福祉原則として、「合自然性」「環境保全」「森林美」を挙げ、「合自然性原則は、林業経営が、森林を機械的生産体として取り扱ってきたことに対する警告として、ガイヤーやメラーなどによって唱導されたもので、林木生産には、森林という生物社会の自然法則を尊重しなければならないという主張である」。環境保全の原則については、「国土保安の原則または環境養護の原則ともいわれ、林業経営は、国土保安・水源かん養などの機能を十分発揮できるよう運用すべきであるという原則である。林業は林木生産を通じて社会の経済的福祉に貢献すると同時に、林木生産以外の外部的利益にも十分対応して経営しなければならないことは、古くから治山治水が国民生活に重要な問題であることからみても当然のことである」。森林美の原則については、「この原則は、各種の自然公園・社寺有林・その他の保健休養的機能および野生鳥獣保護（自然保護）機能を重視すべき森林において、とくに考慮すべきもので、広義の環境保全の原則に含めることのできる福祉原則の一環をなすものである」と述べている。

ガイヤー（ミュンヘン大学教授・後に総長）は天然更新を提唱したドイツの造林学者であり、メラーは、皆伐一斉林の経理方式を批判し、天然更新による「恒続林思想」を提唱したドイツの森林経理学者である。

井上は、「恒続林施業」について、「森林の取り扱いに対する基本は、森林を有機体と考える点で同じである。恒続林（林地の保護と林木の保育に重点をおく健全な森林）は更新期のきわめて長い漸伐作業（一度に皆伐をせず、予備伐・下種伐・後伐と三回に分けて伐採する天然更新作業）とみなされ、林地の保護と林木の保育に重点をおきながら、健全な森林を維持するように単木施業を行なうものである」と説明している。

法正林は森林経理学の理論的支柱

ドイツ林学の森林経理学を最初にわが国の森林に用いたのは国有林であり、施業案（経営計画案）編成規程により編成業務を行なうが、大正三年に改正され昭和二二年まで用いられていた施業案編成規程では、「国有林はこれを法正状態に導き、その利用を永遠に保続し、国土の保安その他公益を保持する趣旨を以て、事業区ごとに施業案を編成すべし」と定めている。

ここで「法正林」について簡単に説明する。「法正林」とは、毎年同じ収穫が永続する「理想的」な森林モデルのことをいう。一〇〇年の森林計画を立てるにあたっての規範としての「法正状態」は、森林経理学の理論的支柱である。

井上は、「法正林は、森林の生産組織の規範として伝統的な森林経理学に科学的な基礎を与え、これによって森林経理の飛躍的発展をもたらしたものである」と評価しているが、しかし「一九世紀の中頃から林業経営の指導原則として収益性があらわれるにつれ、材積の厳正保続に基礎をおく法正林への批判が強くなるにいたった」と述べている。

現実の多様な森林は「法正状態」と著しく乖離しているので、法正状態に導くことは不可能である。それ故、「法正林」は「法正林思想」として一つの規範とされている。ワグナーは、「従来の法正林は一つの理想状態であってこれを強いて定型化しようとしたところに誤りを生じ、現実性から遠ざかったものである」と批判し、拡大した法正条件を提起している。

2　森林経理学批判と反論

計画的な国有林伐採

森林経理学論争の問題を実感したのは、一九六九（昭和四四）年に、宇都宮大学農学部林学科林業経営学研究室に助教授として赴任して、学生の卒業論文の指導で、奥日光の裏男体の国有林の調査に入り、亜高山帯の天然林の荒廃を目にした時である。

日光国立公園内の人の目にふれる道路沿いの国有林は、一見、森林が維持されているように見えるが、その奥に一歩足を踏み入れると、奥地国有林の荒廃は目を覆うばかりであった。亜高山帯の天然林は漸伐作業により乱伐され、クマザサに覆われている林内には多くの倒木が枕を並べ、倒木予備軍の樹木が立ち枯れていた。かつては鬱蒼たる天然林だったであろう国有林は、一面のササ原と化していた。林地には深い溝が何本も走り、その先には大きな崩壊が露出していて、大規模な砂防ダム工事が始まろうとしていた。

国有林の漸伐作業は、主伐の前に、予備伐と称して森林蓄積の七割強を伐採するもので、皆伐ではないといいながら、実際は良木をほとんど伐採してしまう乱暴なやり方で、漸用作業ともいう。

奥日光における国有林の乱伐による自然破壊が顕著になり、これを契機に、「日光の自然を守る会」が結成された。「守る会」が、前橋営林局と、奥日光の国有林の乱伐について話し合いを行なった席上、「守る会」が、「……無計画な乱伐により森林が破壊され……」と追求したときに、営林局の経営部長が色をなして、「我々は無計画な乱伐はしていない。計画的に森林を伐採しているし、この計画は学識経験者としての大学の専門の先生の審議も得ている」と反論した。このことでも分かるように、奥地国有林の荒廃は、まさに「計画的」になされたのであり、森林経理学研究者も、その責任の一端を負っているのである（『森林経理学論争の後遺症』藤原信、林業経済 四五三号、一九八六年）。

森林経理学論争というのは、一九五六（昭和三一）年から五七年にかけて、「森林経理学のあり方」についての、林野庁若手技官と森林経理学研究者による論争であり、このときの林野庁の若手技官の主張が一九五八（昭和三三）年の国有林野経営規程の改正にあたり取り入れられた結果、国有林の計画的な乱伐が始まるのである（以下『森林経理学論争の再検討』（Ⅰ～Ⅴ）藤原信『林業経済』三〇二、三〇五、三〇七、三二〇、三二四号、一九七四年～一九七五年より、引用する）。

森林経理学論争の発端

この論争のきっかけとなった論文は、林野庁計画課の小沢今朝芳技官の、『国有林経営計画の構想〜古典森林経理学への挑戦〜』（『林業経済』九二号、一九五六年）であり、以後、多くの論文により、森林経理学を批判し、国有林の積極経営についての主張を展開した。

小沢は、「森林経理学は一八世紀末にドイツに勃興した官房学の一分科として発達してきたもの」であり、「ドイツの領主は、すべて大山林地主であったから、その森林の取扱の方法が官房学の重要な部門となったわけであるが、これがすなわち森林経理学の発端であり、この意味では、森林経理学は、森林経営の科学でもなく、あくまで財産管理の、端的にいえばヘソクリの論理に過ぎない」ので、森林経理学は、国有林の経営計画を立案するのには役に立たない。「昭和二三年の国有林野経営規程の制定にあたり、古典森林経理学の教えるところをそのまま採用した」が、「今にして思えば、森林経理学はそのときをもって国有林から見離されねばならなかった」とし、新しい立場からの国有林経営計画論を提起した。

小沢は、森林経理学に基づいた「保続原則」を否定し、新しい「保続」について以下のように述べている。

「古典森林経理学のいう保続の単位としての作業級は法正林実現のための組織体であり、この目標の達成が強調されるあまり、すべての森林生産技術がそのために抑圧せられるに至った」「経営が、林業の生産技術のみに中心をおいた方針から、木材の需要を中心においた方針に重点がおかれるとすれば、保続の単位としての『作業級』は意味を失い、『輪伐期』も必要ないことになり、林木の大きさを決定するものは需要＝市場であるから、『伐期齢』もいらなくなる」として、作業級、輪伐期、伐期齢を必要ないとしている。

「このようにして法正林思想を放棄した場合、樹種、作業種、伐期齢、施業方法を異にしたものの保続とは何を意味するかが問題になろう。その基準となるものは成長量である」。「保続は単に量的なもののみを意味していないことはもちろんであって、材積、金員、雇用量等がほぼ満たされれば、保続的経営が行なわれているとみられる」。「森林経理なるものが、まず収穫の確保を目指して生まれ出て、それがやがては一九世紀の初頭、法正林なる理念型的森林の想定により具体的な目標を与えられ、更にまたそれが法正林の実現を理想とした」が、「そのような森林経理学はもはやわれわれにとっては意義を失ったものといえよう」として、国有林の経営には森林経理学は必要ない、という見解を明らかにしている。

小沢は、標準伐採量の決定についても、まず国民経済上必要とする木材需要量を想定し、外材や代替材その他を考慮して国内の生産必要量を求めることになるが、「従来の如き消極的『保続主義＝節伐主義』から脱して、国民経済上必要とする需要量を想定して『生産目標』を定め、これに向かって力を結集するといった、『需要を中心とする森林計画』を打ち立てなくてはならない。これがまた従来しばしば非難された資源政策から脱皮する道でもある」。そのために、当初は、「近き将来に期待しうる森林生産力の増大目標、具体的には樹種林相の改良、未立木地の造林及び確実なる更新、完全なる保育実施等による成長量の増強、更には保護管理の集約化、林道開設に伴う有効成長量の増大等の実行目標をたて、需要量とにらみあわせた上で伐採量を決める」と主張した。

このように、極めて積極的な経営の方向が打ち出されている。

森林経理学に別れを告げて

小沢は『森林計画と国有林経営計画の展望』（『林業技術』一七四号）では、「森林経理学に別れを告げて」という見出しで論を進めている。

森林経理学と法正林についての批判を展開した上で、「木材需要は増大する傾向にあるので、一作業級や一経営区の保続生産といったミクロ的な生産計画では需要の増大に応えられない。林業の飛躍的な生産力の増大を期待し総合的有機的な森林計画制度が確立されなくてはならない」。「従来の如き、生産保続といった林業の生産技術を中心とした経営計画から飛躍して木材の需要を中心とした経営計画へと発展しなくてはならない」。「これまでは、国土保安、風致維持の目的をもつ森林の重要な役割を、必要以上に強調しすぎたが、林木生産を通じて、その立地において最高の生産力を発揮せしめるが如く施業をすれば、それはまた保全機能を充分果たしうるので、『林業の経済性の確立を通じて、森林の公益性の実現へ』と指向しなくてはならない」。「林業経営の近代化、資本主義化につれて、集約化、機械化が促進され、この結果、経営計画の内容も変更せざるをえなくなる。特に機械化が促進されれば、まず作業種が問題になろう」と、林道を開設し、機械化を促進し、作業種として皆伐作業をとるという積極的な経営計画を提案している。

伐採量の決定については、国有林では「生産目標を基準にして、経営計画区毎に林力増強目標をたて、これを裏付けとして伐採量が決定される」ことになる。これまでは資源を基礎として伐採量を決めていたが、「この構想によれば、将来の林力と需要量を考慮して、むしろ需要に重点をおいて伐採量を定めるといった極めて積極的なもの」であり、「伐ったあとは必ず植える」という保証さえあれば、「保続が破れる」というような心配はない。また伐期齢の幅の限度で考えれば、「成長量は充分あるが伐る木がない」ということにはならない、と楽観的な見方をしている。

「結論的にいえば、保続を保っているか否かのものさしは『成長量』だということである」。「成長量を高める方向に進めば、蓄積は将来ある程度まで減少してもよいと考えている」。「人工林造成による質的向上を期しうるならば」「蓄積は減少したが、貨幣で示された資本額は漸次増大し、物量的には保続は破れたとしても、価値的には向上しているとみられるから、この場合は保続は保たれていると考えてよかろう」とし、「成長量」さえあれば、その中味はともかく、保続は保たれると述べている。

経営の単位を経営区から保続計画区に拡大し、それにより保続の単位を拡大した。また地種区分を従来の制限林と普通林の区分から第一種森林（国土保全や風致維持等に重点）、第二種森林（経済林）、第三種森林（地元対策に重点）に区分し、第二種森林は「企業性を追求する」ことに重点をおいて立案することになる。第二種森林はいわば木材生産工場として、最大生産を図りうるよう徹底的に生産力原則を遂行する。「このためには、相当面積の第二種森林を国がもつ必要がある」と主張する（三三年規程では、「森林」は「林地」に、「保続計画区」は「経営計画区」になった）。

森林の立地についても、林業の場合は市場距離（経済的距離、地利）の条件が重要なので、「立地の位置付けは、まず地利によって区分し、更にその中において地位（林地の材積生産能力）を考慮して立地級を決め、立地に応じた経営計画を立てる」とし、林地の優劣の判定として、市場距離の条件をより重視している。立地級での「地利」の重視が、林道優先主義となり、機械化の促進と相まって、奥地林開発林道の開設と奥地林の大面積の集中伐採につながったのである。

小沢は、国有林としては、「これから三〇〜四〇年というものは、とにかく天然生林を人工林に変えることに全力が傾けられるべきであり、人工林にすれば、或いは伐期を低下すれば、林力が悪化すると心配する人がある。そのような心配は、人工林が二回転したとき考えても遅くはないし、そのころには林地肥培も発達しようから杞憂におわるかもしれない」と、林地肥培に期待をかけているが、育種技術にしても、林地肥培についてもほとんど成果は上がらなかった。拡大造林に関する懸念は、いま目の前にやってきている。

小沢の主張を補強する形で、林野庁から複数の論文が公表された。

山崎斉計画課長（当時。後の第五代林野庁長官）は、『これからの森林計画』において、林業の近代化を促進し生産力を高めるには、機械化と短伐期作業をすすめ、作業の単純化と大面積皆伐方式の採用を示唆し、田中重五業務課長（当時。後の第七代林野庁長官）は、『国有林はどう合理化するか』で、森林生産力を増大するため低位過熟の天然生林をできる限り人工林に改良し、生産性・収益性のより高い森林構造の実現を目指し、樹種選定にあたっては量的生産を目途に決定し、人工林の拡大による成長量の増大を見込み、その成長量を引き当てに林種転換を図ることを主張した（『嶺・小沢による森林経理学論争』藤原信『林業技術』四一七号）。

森林経理学者の反論

嶺一三東大教授（当時）は、『森林経理学は無用になったか？』（『林業技術』一七七号、一九五六年）と題し、「小沢今朝芳氏に対する答えと質問」として反論を行なった。

法正林については、現実林を、厳正な法正林に導こうとした誤りは認めつつも、法正林思想については積極的な評価をし、小沢のいう「生産目標」が現実の生産技術から飛躍したものであれば危険なのではないか、と述べている。たしかに、生産技術のともなわない「生産目標」は、それが積極性をもつだけに、法正林以上の危険があるのは嶺の指摘どおりである。

嶺は、『森林経理学の任務～再び小沢氏に答える』（『林業技術』一八〇号、一九五七年）という論文を発表した。

ここで、嶺は、吉田正男東大名誉教授と野村進行博士の両氏が、森林経理学を、経営経済学の中の物的組織論と位置付けていることを紹介し、嶺は森林経理学を自然科学と経済学の総合的組織論と位置付け、経営計画を担当する者は、単なる経済学の知識だけではなく、自然科学の総合的知識を身につけた森林経理学の技術者が担当すべきであると主張した。

嶺は、小沢の「需要を中心とした伐採計画」について、「私は何人もの人から、『林野庁はパルプや木材業界の増伐要請の圧力に負けて、林力以上の伐採をしなければならない立場に追い込まれている。その立場を理屈づけるために需要を中心とした伐採計画という新標語を出して、増伐強行の準備をしているのである』という言葉を聞いている」として、経営計画に対する林野庁の姿勢に疑問を呈している。

たしかに、保続を考えずに、需要に見合う伐採を行なおうとすれば、法正林思想は排除せざるをえないだろうし、法正林思想を基本においている森林経理学が邪魔になるだろうことは想像できる。

小沢が、「伐った跡は必ず植えれば保続は保たれる」というが、嶺は、「それが資源化するには時間がかかることを忘れてはいけない」と指摘し、「造林技術の進歩によって、今後成長量は著しく増大するという見方に対しても、危惧する造林学者もおられる」と述べている。

小沢が指向する短伐期について、「伐期齢に幅をもたせるという程度では、たいした変化ではない」。保続の単位である作業級を廃止して施業団にすることについても、「地域の広さは本質的な条件ではない」。輪伐期の廃止についても、「特にとりたてて新しいことではない」。伐採量についても、「特に積極性をもたせるという主旨が強調されるだけで、とくべつに変わった点が上げられていない」とし、「この程度のことで経理学を抹殺して新しい学問が生まれたという主張では、世界の学者を納得させることは根拠不十分と思う」との見解を示している。小沢の主張の意図を察知して、的確な批判をすべきであったが、本質的な批判には至らなかった。

井上由扶九州大学教授（当時）は、『国有林野経営規程の改正について』（『暖帯林』一二号、一九五七年）と題する論文で、森林経理学論争に言及している。

「単に現在という一時点に立ち、しかもわが国の林業という一場所に限定して、森林経理学は役に立たないとし、『森林経理学に別れを告げなければならない』とすることは極論であり、浅薄のそしりをまぬがれないであろう」とし、「現在としては森林経理学の存在を肯定し、経営規程の改正についても、好むと好まざるとにかかわらず、その知識を活用し応用しなければなるまい。現に問題を提起された小沢構想ともいうべき国有林の経営計画案、事業計画案ともに、いたるところ森林経理学の知識に依存したものであることを指摘したい」と述べている。さらに、この論争には、政策と経営の混同があることを挙げ、森林経理学は所有の森林を対象として計画を立てるべきものであると述べている。

黒田迪夫九州大学助教授（当時）は『国有林経営合理化案について』（『林業経済』一〇四号、一九五七年）の論文で、「生産力」と「需要を中心とした経営計画」の二点に絞って問題提起を行なった。

「国有林が経営合理化にあたり生産力原則に基づいて経営を積極化しようとしている点については異論はないが、この場合の生産力原則の合理性を証明せんとするのあまり、国土保全の要請をも生産力原則の下に解消せしめてしまおうとしているのは納得できない」。「合理化案では森林生産力の増進と国土保全の要請が一致すると考えられているが、果たしてそうであろうか」。「学識的に考えて森林を森林としてたてておくことによってその効用を享受する保全効果と、木材となることによって初めて役立ちを発揮する生産効果が一致するはずがない」。「森林の生産力の増進を図りさえすれば国土保全も同時に達成されるという保証はどこにもない」。「生産力原則の下に木材の生産を飛躍的に増大しようとして、国土保全の面がおろそかになり、災害を多くするようなことがあれば、その国民経済へのマイナスは、わずかばかりの木材の増産ぐらいでは償いきれないであろう」として、国土保全の問題が生産力原則の陰に隠れる懸念を明らかにしている。

「表現の受け取りようでは、需要に奉仕しなければならないというようにもとれる箇所が少なくない」が「いまの需要に基づいて生産計画をつくっても、生産の進行に時間がかかっている間に需要構造が変化してしまう」。「いまの推定需要に生産計画を合わせていくことは、考えようでは全く馬鹿らしいこと」と指摘している。

森林の生産力の増進を図れば国土保全も同時に達成されるという保証はどこにもないし、むしろ、木材生産の増大が国土の崩壊につながった事例は、昭和三三年規程、四四年規程による生産力増大の結果として、国有林でも、多くの自然破壊、国土崩壊を惹起したことを見ても明らかである。

この論争を複雑にさせたものは、個別経済と国民経済との混同にある。森林経理学の枠をはみ出し、政策と経営を混同して、いくつかの提案をし、従来の森林経理学は役に立たない、とした小沢の見解に対して、嶺、井上からの批判があり、また、小沢が、国有林経営の合理化案として示した提案についても、嶺、井上、黒田から指摘されたように、多くの疑点が存在する。

国有林崩壊への途

森林経理学論争は、嶺・小沢論争ともいわれているが、嶺教授は東大で森林経理学の講義を担当していたが、専門は「測樹学」であったので、小沢技官に対して適切な反論ができなかった。このため論争は多くの問題点を抱えながら成果を得ることなく終わり、その後は小沢技官の主張の多くが、昭和三三年の国有林野経営規程の改正にあたって盛り込まれ、国有林の大増伐・大乱伐にお墨付きを与えることになり、今日の国有林荒廃につながったのである。

森林経理学は、森林に対する無秩序な伐採による木材不足と将来への不安から、「収穫規整」を中心に発達したものであり、「輪伐期」を設定して、計画的に収穫の保続を図ろうというものである。増大する木材需要の厳しい要求から森林を守るために、生産技術を中心とする「保続」を考えるのが森林経理学の任務である。

小沢の主張は、「収穫の保続」と似て非なる「木材供給の保続」という概念により「保続」を危うくし、保続の単位である「作業級」を廃して、拡大された「施業団」を設定して増伐を容易にし、「立地級」のランクアップのために林道の開設をすすめ、第二種林地（経済林）による企業性を追求した。これまでの積み上げ方式の森林調査に替えて、近代的森林調査法を取り入れることにより、生産の裏付けのない「見せかけの成長量」を予測し、増大する木材需要に見合う「標準伐採量」を定め、これらを可能にするために、法正林思想への批判を森林経理学の否定に結びつけたものである。

黒田迪夫は、その著『ドイツ林業経営学史』において、バーダー教授の所説として、「保続性と法正林とは互いに結びつきあった二つの概念である。保続概念なしに法正林の構想は与えられず、また法正林がなくては、保続の要求はコンパスなしに航海するのと同様になってしまう。保続と法正林とは、それによって林業と林学を方向づけている概念であり、我々の個別の専門分野はそれによって支配されている」と記述している。

森林経理学論争によって法正林を否定し、保続を軽視した国有林は、コンパスなしに太平洋に乗り出した小舟のようなものである。太平洋がその名の通り平穏なうちはよかったが、いったん海が荒れると、コンパスのない悲しさで、荒波に翻弄され、大海を漂い、沈没の危機にさらされながら、辛うじて生きている。そしてまさに死にかけているというのが、いまの国有林の姿ではなかろうか（『森林経理学論争の後遺症』藤原信『林業経済』四五三号、一九八六年）。

森林経理学に別れを告げ、国有林野経営規程を大幅に改定し、生産力増強計画、木材増産計画に走りだした国有林は、一五年後の一九七三（昭和四八）年になって、「国有林野における新たな森林施業」により、方針変更を余儀なくされることになるが、この理論に基づいた行政によって国有林は立て直しが不可能なほどの荒廃をもたらされた。

藍原義邦第一三代林野庁長官（昭和五一年～五四年）は、『素顔の国有林』（森巌夫編著、廣済堂出版、一九八三年）において、以下のように述べている。

藍原　林業の原則っていうのはね、一つには成長した分だけ伐っていって、いつも一定量以上の蓄積を山に残しておく。そして住宅などの構造材やエネルギー源としての燃料材などを供給するほかに、公益的な使命を果たせる山をつくっていくことなんですよ。ところが日本経済が非常に成長した時代に、その基本的な線から逸脱した。逸脱といってはいいすぎかもしれないが、片足踏み出してしまった。一応なんとか理屈をこねて、よけい伐ることに主眼をおいたのでしょうがね。

森　例の期待成長量の問題ですね。将来成長するであろうことを期待して、いうなれば見せかけの成長量、幻の成長量を基準にして標準伐採量が決められるようになったことは、林業の原則からみて片足を踏み出したとみるわけですね。

藍原　その踏み出した片足をね、技術でカバーできればよかったんです。密植と施肥と短伐期と品種改良でね。これでいけるという道筋を一応たてていたんだと思いますけどね。それが技術的に確保できなかった。

森　あのころ、技術者たちはその方向に疑問を抱いたり、我田引水的な理屈づけと感じておったんでしょうか。

藍原　当時もそうとう論争がありました。私はまだ営林局にいて若僧だったが、技術的にできるんならいいことじゃないかと考えました。ただ、何年かたってみると、やっぱり無理だったのかなと。ああいう苦い経験から、林業っていうのはオーソドックスに石橋をたたいて渡っていかないと将来に禍根を残すことになるんだなと考えるようになりました。

森　現時点では、そういう反省が支配的になっていますね。

藍原　ですから、私が長官になったときにいちばん先に考えたことは、戦後の国有林経営にミスがあったんではないかということでした。木材の増産計画。これは、もっと慎重にやるべきだったという悔いが残っているんですよ。やるにしても、五年とか三年という期限つきの約束でやっていればまだよかったんじゃなかったかと。

戦後の国有林経営の「ミス」というのは単なる「ミス」で済まされるものではない。取り返しのつかない「大ミス」で、国有林を崩壊へと追いやったのである。

第2部　〝緑のダム〟の保続

第１章　森林は公益財～公益的機能の評価～

森林の公益性評価

私たちが森林から受ける〝めぐみ〟は、森林の持つ〝はたらき〟による。これを森林の公益的機能という。

主な森林の公益性としては以下の項目が挙げられる。

①　木材生産機能
②　水源涵養機能（保水機能・水質浄化機能）
③　国土保全機能（土砂流出防止機能・土砂崩壊防止機能）
④　保健休養機能
⑤　環境擁護機能
⑥　地球温暖化防止機能

森林は古くから、人々が生活するために必要な多くの物質的、経済的な恩恵を与えてくれた。森の木の実や森に棲む生き物は貴重な食料であり、落葉落枝は燃料ともなり、有機肥料ともなった。木材は木の器や農機具の柄などの日用品としても使われ、建築用材としてもまたパルプ用材としても重要な資源であった。

林学研究者の間には「予定調和論」という思想がある。これは、森林を適切に取り扱えば森林の持つ公益的機能を満度に保続できるという思想である。

森林の公益性として「木材生産機能」を挙げることに奇異な感じをもつかも知れないが、予定調和の考えにたてば、木材生産を適正に保続することは、森林を保続することであり、〝緑のダム〟の保続、各種の公益的機能の保続の基本である。

森林の公益性を満度に発揮させるためには、森林の適切な維持管理は不可欠で、その結果としての木材生産があるのであり、木材生産を主目的とするかつてのような思想ではない。木材生産を産業とみず、森林の公益性を守るための〝公益財〟の保続とみるのである。

森林は再生産可能な資源であり、木材生産の他、多くの恩恵を人々に与えてくれるので、木材生産を適正に「保続」することにより、それらの恩恵も「保続」することができる。

天然林であっても、森林の取り扱いの過程で、単木もしくは群状で択伐することもある。これも木材生産機能で、木材生産は結果であり、木材生産を目的として森林を取り扱うというのではない。

人工林であっても、森林の「保続」を無視し、森林の公益的機能を損なうような森林の取り扱いはあってはならない。

木材の生産期間を一〇〇年と考えると、その間には、木材価格の変動は避けられない。木材生産を、林業という産業とみると、採算の取れないときもある。木材生産が割に合わないからといって、いま森林の手入れを怠れば、その悔いは一〇〇年後の人たちに跳ね返ることになる。そのときになって、子や孫が悔いても、一〇〇年という歳月を取り戻すことはできない。

重ねていうが森林は〝公益財〟である。木材生産機能の公益性を認め、採算を度外視して森林整備を行なうことは国民の責務である。

我が国は、農林漁業などの第一次産業の犠牲のもとに工業発展を遂げてきたが、将来的には、この第一次産業の重要性が見直されることと思う。森林の生産期間は長い。目先の損得により森林を軽視もしくは放置すれば、取り返しのつかない悔いを残すことになる。

公益的機能の定量化

「しっかりとした定性（性質を見定めること）のうえにたたない定量は、しばしば魔術を演ずる危険性がある」。「定量法が異なれば、定量値に大きな違いが出ることには疑いがない」（大政正隆・元宇都宮大学学長、元東京大学教授〔造林学・森林土壌学〕、元国立林業試験場場長）。

森林の公益性の定性的機能については多くの論文が発表されている。しかし、定量化についてはまだ未熟であり、いくつか出された定量値にはそれぞれの立場から、多くの疑問が出されている。適切な定量化については、これからの森林水文学研究者に期待するところが大きい。そのような現実を認めながら、幾つかの定量化の試みについてみてみる。

林野庁による評価

森林の公益性の評価について、林野庁はこれまで、一九七二（昭和四七）年、一九九一（平成三）年、二〇〇〇（平成一二）年の三回、「森林の公益的機能評価について」の試算を行っている。

森林の持つ公益的機能を貨幣換算で試算するのは困難であり、また定量化することが不可能と思われる機能もある。採用した評価方法（主として代替法）は必ずしも適正とは思えず、相当苦しい評価を行っているので、この数値を鵜呑みにしてはいけない。この結果、七二年の評価額は一二兆八二〇〇億円、九一年は三九兆二〇〇〇億円という評価額が公表されている（以下『森林の公益的機能評価について』林野庁計画課、平成一三年一月より引用する）。

この二回の評価方法には多くの反論や批判が出されているが、二〇〇〇年一二月に公表された『森林の公益的機能評価について』は、「森林と裸地との比較評価を基本とする」ことで、これまでの方法を見直したとのことである。

これにもまだ問題が残るが、以下に述べる評価により、森林の公益的機能を貨幣評価すると、国民は毎年七四兆九九〇〇億円の恩恵を受けているとのことである。以下公表された評価額を検討する。

林野庁は森林の公益的機能を三八種類にまとめ、これらを五つの機能区分に大別しているが、これらの中には貨幣評価をすることの出来ないものがあるので、貨幣評価の出来る森林の公益的機能として「水源かん養機能（流域貯留機能）（洪水防止機能）（水質保全機能）」「土砂流出防止機能」「土砂崩壊防止機能」「保健休養機能」「野生鳥獣保護機能」「大気保全機能（二酸化炭素吸収機能）（酸素供給機能）」の九つを挙げて貨幣評価を行なっている。

1　水源涵養機能

「流域貯留」　　八兆七四〇七億円

森林地帯の平均降雨量（二〇四二ミリ）に裸地の流出係数を乗じ、平均蒸発量（一〇一四ミリ）を差し引き、その数値に森林面積を勘案して、裸地との差を考慮した貯留量（一八六四・二五億トン／年）を算出した。これを流量当たりに割り戻したうえで、開発流量当たり利水ダム年間減価償却費及び維持費を勘案して流域貯留機能評価額を算出した。

「洪水防止」　　五兆五六八八億円

百年確率雨量強度と、森林によるピーク流量の軽減量から、流量調節量を算出し、治水ダムで代替して算出する。

（しかし、百年確率の計算ミスが判明したので再度計算を行なった結果、六兆四六八六億円と訂正された）。

「水質保全」　　　　一二兆八一三〇億円

流域貯留量を雨水利用施設で代替した。

2　土砂流出防止機能　二八兆二五六五億円

傾斜による補正を加味した土砂流出防止量を砂防ダムで代替した。

3　土砂崩壊防止機能　八兆四四二一億円

森林による崩壊面積の低減効果（有林地と無林地の崩壊面積の差）を山腹工事費用で代替した。

4　保健休養機能　　二兆二五四六億円

宿泊による自然（森林）風景鑑賞旅行費用と日帰り観光による自然（森林）風景鑑賞旅行費用を合計した。

5　野生鳥獣保護機能　三兆七八〇〇億円

文献から森林性鳥類の数を推計し、それを人工的に飼育した場合の餌代（上野動物園資料）で評価をしているが、「今回の評価は野生鳥獣保護機能（もっと広げれば生物多様性保全機能）のごく一部に過ぎないことに十分注意する必要がある」とコメントが付いている。

評価が難しく貨幣換算すべきでないとの意見もあったようだが、「国民にその重要性をわかりやすく提示する必要がある」との判断で算定したようである。しかし、大政正隆のいうように、「魔術を演ずる危険性」を感じる。このような評価方法であえて評価する必要があるのか、疑問である。

6　二酸化炭素吸収機能　一兆二四〇〇億円

森林の二酸化炭素吸収量と火力発電における二酸化炭素回収コストから算出する。

7　酸素供給機能　三兆九〇一三億円

森林の酸素放出量を求め、タンクローリーによる液体酸素価格で代替した（前回は酸素ボンベで代替した）。

酸素供給機能の「重要性は認識すべきだが、大気中の酸素濃度は二〇％と安定しており希少性の欠如から評価すべきでないという意見もある」とのことである。

以上九項目の合計が七四兆九九七〇億円（七五兆八九六八億円）である。

貨幣評価を行なわなかったその他の機能として、①遺伝子資源の保全、②良好な景観の提供、③教育、学術研究の場の提供、④気象緩和、風害・雪害などの防止、⑤汚染物の吸着、⑥騒音防止、⑦なだれ防止、落石防止、⑧魚類の生息環境の保全などがある。「これらは、適切な代替物を設定することが困難であること等々」により、貨幣評価を行なっていない。これらの評価ができればもっと大きなものになるだろう。

表2-1-1　1972年,1991年,2001年の評価額　（単位：億円）

	1972年	1991年	2001年	三菱総研
機能の種類				
水源涵養	16,100	42,600		
流域貯留			87,400	87,407
洪水防止			55,700	64,686
水質保全			128,100	146,361
土砂流出防止	22,700	79,800	282,600	282,565
土砂崩壊防止	500	1,800	84,400	84,421
保健休養	22,500	76,700	22,500	
野生鳥獣保護	17,700	6,900	37,800	
二酸化炭素吸収			12,400	12,391
酸素供給	48,700	184,200	39,000	
合計	128,200	392,000	749,900	677,831

注）この表は『森林の公益的機能評価について』林野庁計画課・平成13年1月と、『地球環境・人間生活にかかわる農業及び森林の多面的な機能の評価について』日本学術会議平成13年11月1日より作成した。

かつては、「水と空気はタダ」と思われていたので、その恩恵を感じることがなかったが、これらにはすべて、何等かの形で森林が関係しているのだから、森林の〝ありがたみ〟を知ってもらうためには、貨幣評価することにも意味があると思う。しかしこれはあくまでも「試算」の域を出るものではない。

一九七二（昭和四七）年、一九九一（平成三）年、二〇〇〇（平成一二）年の評価の内訳は表2―1―1の通りである。

日本学術会議による評価

二〇〇〇（平成一二）年一二月一四日に、農林水産大臣から日本学術会議会長に対し、「地球環境・人間生活にかかわる農業及び森林の多面的な機能の評価について」の諮問がなされた。

これを受けて、日本学術会議は、「農業・森林の多面的機能に関する特別委員会」を設置し、二〇〇一（平成一三）年一一月一日に「答申」を取りまとめた。

太田猛彦東京大学名誉教授が、『林業技術』七一九号（二〇〇二年二月）に、『日本学術会議答申「農業・森林の多面的な機能」〈第Ⅲ章　森林の多面的機能〉の読み方』という論文を発表しているので紹介する。太田猛彦は日本学術会議の会員であり、「森林の多面的機能に関するワーキング・グループ委員会」の座長として、議論の取りまとめをした。

太田猛彦は、「諮問の背景と内容」として、「おりから林野庁においても『森林の有する多面的機能の発揮』を施策の前面に押し出そうとしており、関連して『森林の公益的機能は七五兆円』と公表したところでもあり、第三者機関による森林の多面的機能の科学的評価は新しい施策の推進上も有効と判断して、先の諮問に至ったものと聞いている」。「諮問は、①多面的機能の内容と範囲を整理する。②各種の機能の発現メカニズムを科学的（定性的または定量的）に明らかにする。③各機能ごとに最もふさわしい定量的評価法（できれば貨幣的評価法）を提示する。④定量的評価法の高度化に向けた調査研究の展開方向について提言する、等を求めており、一言でいえば、国民の理解を図るために多面的な機能をトータルとして金額で評価してほしいというものであった」と述べている。

審議経過においても、「議論は機能の定量評価、特に貨幣評価への疑問に終始した」とあり、「この頃、委員長・座長間では審議の成り行きを心配する話しが多かった」。しかし、審議を重ねるうちに、「定量的評価についても単なる批判ではなく、前向きの議論がなされるようになった」とのことである。

「多面的な機能の評価の新しい視点」においては、「端的に言えば、『森林の多面的機能には、【森林の根元性】に基づく機能など原理的に定量評価し得ない重要な機能が含まれるので、たとえ貨幣評価可能な機能があって、それらの集計が可能でも、森林の価値全体の評価にはほど遠い』というものである」。「多くの委員は定量評価、特に貨幣評価に対して漠然とした疑問を抱いていた」。「しかしながら、『答申』は一方で多面的機能の一部については定量的評価が必要なことを認めている。森林の管理や森林関連行政の推進上、明らかに一部の機能の定量評価あるいは貨幣評価は必要であろう。森林の機能を人々にわかりやすく説明する場合に、その価値を貨幣評価して示す意義も否定されていない」。「簡単な記述で済まされているが、物理的機能についての定量評価の精度を上げるためには、森林の立地条件を考慮した地域の細分化が必要であり、それに対応したデータの整備が不可欠であることが指摘された」。

結果として「答申」は、「各種の機能の発現メカニズムを科学的（定性的または定量的）に明らかにする」という「諮問」の求めに対して正しく答えていない。

太田猛彦は、この諮問について、「なお本件を日本学術会議へ諮問することを発案したのは上杉光弘参議院議員（宮崎県選出）であり、同議員に対しては、すべての分野から選出された科学者集団によって本格的に森林が議論される〝初めての〟機会が与えられた点や日本学術会議の活性化をうながした点などから、森林科学にかかわる会員の一人として感謝の意を表したい」と記載している。

この諮問は農林水産大臣の諮問の形をとっているが、実は自民党の参議院議員の働きかけにより行なわれたもので、「答申」もこれまで通り、政府、農林水産省、国土交通省の意に添うものであった。

日本学術会議のあり方について

日本学術会議は一九四九（昭和二四）年に設立されたが、科学者の自主的組織として独立性が尊重され、会員二一〇名の選出は公選制で、全国の科学者の選挙により選出されていた。かつては、政府に対して、原子力政策批判、ベトナム戦争反対とか天然林の保護を求めるなど、厳しい意見を述べることがあった。このため一九八一（昭和五六）年五月二九日の衆議院科学技術委員会で、中山太郎総務長官（当時）が、「会員の公選制には疑義がある」と発言し、一九八四（昭和五九）年に日本学術会議法の一部改正を行い、会員選出方式を学協会を基盤とする推薦制に改め、政府の監督権限が強まった。最近は「各学会の利益代表で占められている」（元村有希子『毎日新聞』二〇〇七年四月一八日）との批判もあり、政府の御用を努めるような傾向が見られる。いま日本の高等教育は危機的な状況にあるが、政府御用の日本学術会議では、基礎研究を軽視し、教育予算の削減を容認するばかりである。

「答申」を書いたのが、「すべての分野から選出された科学者集団」というが、顔ぶれを見ると、政府、国土交通省、農林水産省、林野庁等の各種委員会の常連であり、政府、農林水産省、国土交通省の代弁的な箇所も目に付く。日本学術会議の独立性についても疑わしい。余談だが、日本学術会議の会員の選出についても、かつてのように、全国の科学者による選挙（投票）に戻すべきである。

この諮問が行なわれた経緯については、林野庁が「森林の多面的機能を約七五兆円と評価」し、ダム建設や森林の乱開発等に反対する住民団体がこれを論拠に〝緑のダム〟論を主張するのを苦々しく思った国土交通省が、政府御用の日本学術会議に、反論的答申を期待したのだ、という「噂」があった。その真偽はともかくとして、〝緑のダム〟論を一部否定するような内容があるのは事実である。

森林の水源涵養機能

森林の水源涵養機能に関して、気の付いた点について触れてみる。

「答申」では、「洪水緩和機能は、森林が洪水流出ハイドログラフ（「時間」とともに変化する川の流量値と波形をグラフで表したもの）のピーク流量を減少させ、ピーク流量発生までの時間を遅らせ、さらには減水部を緩やかにする機能であり、おもに雨水（洪水波形）が森林土壌中に浸透し、地中流となって流出することによって発現する。すなわち、森林がない場合に比べ、山地斜面に降った雨が河川に流出するまでの時間を遅らせる作用である。『しかしながら、大規模な洪水では、洪水がピークに達する前に流域が流出に関して飽和に近い状態になるので、このような場合、ピーク流量の低減効果は大きくは期待できない』（『』は著者による）」と書かれている。

また「森林の水源涵養機能の限界に関して、以下のような認識が了承された」として、「（前略）森林は中小洪水においては洪水緩和機能を発揮するが、大洪水においては顕著な効果は期待できない」とも書かれている。

長野県治水・利水ダム等検討委員会において、〝緑のダム〟を主張する脱ダム派に対して、ダム推進派が持ち出したのがこの日本学術会議の「答申」のお墨付きであり、これを論拠に「大規模な洪水には〝緑のダム〟は役に立たない」。と主張し、さらにこれを拡大解釈して、〝緑のダム〟の機能も否定するような主張を展開した。

「答申」に対する森林水文学研究者からの反論

東京大学愛知演習林の蔵治光一郎は、二〇〇六年一二月に、熊本で開催された「日本の森と自然を守る全国集会」における基調報告で、森林の水源涵養機能について説明したうえで、

「河川計画の対象となるような大雨時に、森林の洪水緩和機能は無視できるか」の項目を挙げ、以下のように述べている。

「『森林の洪水緩和機能』は中小洪水には大きな効果があるが、大洪水には大きな効果が期待できない、という説がある。この説が正しいかどうかを以下に検証する」。洪水の緩和機能を定量的に求める方法には、「個別の機能を一つ一つ積み上げて合算していく方法」と「森林の洪水緩和機能が反映されている、実際の河川の流量データを解析する方法」があるが、前者について、「数十年に一度の大洪水をもたらす大雨の際に森林でどのような現象が起こっているのかを実際に観察する必要があるが、そのような雨は滅多に降らないし、仮に降っても、装置が壊れたり、自分の命が危険にさらされたりするので、検証が非常に困難である」。後者について、「過去の洪水一つ一つに個性があることが問題となる。個性の違いとは、森林状態の違い、降雨前の流域の湿潤状態（初期条件）、降雨パターン、継続時間、空間分布、降雨強度、河川工事の進み具合などの違いである。（中略）個性の違いのうちどこまでが森林状態の違いによるものか、見極めが難しいために、現時点ではやはり検証が非常に困難である」とし、「現時点での科学では、森林保水力（の経年変化）は無視できるのか、無視できないのか、両説が並立している。『考慮すべき』としている学説も、定量的に流量が何トン下げられるのかを求める方法論を示せているわけではないし、『すべきでない』としている学説も、その根拠を示せていない。つまり、現時点では確実なことは誰にも言えない、という状況である」という。

蔵治は、『環境と正義』（二〇〇四年一二月号）において、〝緑のダム〟に関する研究の歴史にふれ、「しかし、このような科学者の長年の努力をもってしても、〝緑のダム〟整備がどの程度、洪水を緩和できるのか、という問に対しては、有効な答えを出せないのが現状です。それは科学者の怠慢というよりはむしろ、〝緑のダム〟が科学者にとってすごく難しい問題だということのように思われます」と述べている。

蔵治は、二〇〇六年五月二四日に、国土交通省の社会資本整備審議会河川分科会河川整備基本方針検討小委員会宛に「意見書」を提出しているが、「河川計画の対象となるような大雨時に、森林の洪水緩和機能は無視できるのか？」という項目で、「（前略）大洪水には大きな効果が期待できない、という説がある。この説（日本学術会議の答申に書かれ、国土交通省が採用している）が正しいかどうかを以下に検証する」とし、検証についての意見を述べた後で、「日本学術会議の『答申』は、学問分野の定説をまとめた、というような内容ではなく、『森林ワーキンググループ』メンバー九名の個人的意見をまとめたのみである。『洪水緩和機能』に関しては、根拠が不十分な記述が、あいまいな表現で書かれているのみであり、学問分野の最新の到達点、定説を示したものとはいえない」という批判的な意見を述べている。

「答申」の「大洪水においては顕著な効果は期待できない」ということには何ら科学的根拠もないのに、それ故科学的なデータを示さずに、国土交通省の喜びそうな文言を「答申」に記載することにより、既成事実化され、多くの住民運動に戸惑いを与えている。

蔵治は、二〇〇三年に出版された『〝緑のダム〟』（築地書館）の論文において、「森林は中小洪水には一定の効果を発揮するものの、大洪水のさいには洪水を緩和する機能は無視できるかどうか」でこの問題を論じ、「私は、現段階では、森林の質の変化は、河川計画の対象となるような大洪水であっても、その規模に無視できない影響を及ぼすと見ている。しかし、その影響がピーク流出量を三〇％程度押し下げるほど大きいのかどうかは、現状の科学のレベルでは必ずしも断定できないのではないかと見ている」と記述している。

利根川の治水安全度は二〇〇年確率である。二〇〇年に一度の大洪水をどう経験し、効果をどう評価するのであろうか。洪水緩和機能を発揮する中小洪水とはどのようなものか？「答申」が科学的立場にあるのならば、これらのことを明示すべきであった。

森林と渇水との関係

渇水に関する部分については、「答申」では、「流況曲線上の渇水流量に近い流況では、（すなわち、無降雨日が長く続くと）、地域や年降水量にもよるが、河川流量はかえって減少する場合がある。このようなことが起こるのは、森林の樹冠部の蒸発散作用により、森林自身がかなりの水を消費するからである」と記載されている。

ところが、太田猛彦・鈴木雅一他による論文『森林の成長が流況に与える影響～東京大学愛知演習林森林流域試験データの読み方～』によると、「（前略）㈢三流域とも豊水流量、平水流量が増加している。その増加量は一ミリ／日を超える、㈣渇水流量近傍では一部に流量の減少が認められる。とくに、年降水量の少ない場合に顕著である」。「㈣の渇水流量の減少傾向は豊水流量に比べて一オーダー小さい話なので、㈢を考慮すると、森林の水資源涵養機能の有効性は十分認められる」とのことである。

とすれば、「答申」において、太田はこの知見を記載すべきで、不確かなことを記載すべきではなかったのではないか。

水資源開発公団（現水資源機構）のホームページに、「水レター」という記事が掲載されていた。その中で、東京大学愛知演習林白坂流域のデータをもとに作成した図表（森林の有無による流出量の違い）を示しながら、森林があると「渇水時にはかえって流量は減少する（森林は水を消費する）」とし、森林は渇水にはむしろマイナスに働くようなコメントをしている。

しかし、水レターに示された図と愛知演習林作成の図ではかなり違いがある。演習林作成の図では、縦軸は対数目盛で、渇水流量のところではほとんど差が見られない。水レターの図では、目盛の記載がなく、洪水時の差と渇水時の差がほぼ同じ間隔になっている。この問題については、拙著『なぜダムはいらないのか』（緑風出版）にも、双方の図を対照させて論じているが、図には作為的なものを感じる。

蔵治光一郎・芝野博文は、二〇〇三年の第一一四回日本林学会大会で、『森林の成長が渇水時流出量に及ぼす影響～東京大学愛知演習林七二年間の観測結果～』というテーマで、学会発表をしている。

「本発表では、森林の回復・成長過程で渇水時の流出量がどのように変化してきたかを論ずることを目的とする。結論として、愛知演習林における森林と渇水の観察結果の解釈について、筆頭発表者が二〇〇〇年四月の第一一一回学会において示した解釈と、国土交通省がホームページに示した解釈は、ともに誤りであることを示す」というものである。

蔵治が第一一一回大会で行なった「学会報告」は、「『森林が豊かになっていった流域で、渇水が緩和されるような変化が起きていた』。すなわち、森林が渇水時流出量を増加させたという結論を示した」ということで、これは「誤り」である、ということである。

一方、国土交通省のホームページに関しては、「同じ愛知演習林のデータを用いて」「一九三〇年代の平均渇水流出量と一九八〇年代のそれを取り上げ、『森林の増加は樹木からの蒸発散量を増加させ、むしろ、渇水時には河川への流出量を減少させることが観測されている』事例として、ホームページ（オピニオン〝緑のダム〟が整備されればダムは不要か）に図とともに示している」が、これも「誤り」である、とのことである。

蔵治によれば、「一九九〇年代にも森林は増加し続けているにも関わらず、冬の最低流出量は一九八〇年代と比べて増加に転じている。これは森林の増加によって渇水時流出量が減少しているという解釈では説明できない変化である」。「六〇年間のデータから森林成長前と成長後、それぞれ一〇年間の平均値を取り出して比較し、森林の成長が渇水時流出量に及ぼす影響を論じることはできない」とし、「愛知演習林における森林の成長が渇水に及ぼす影響は、プラスの方向であろうとマイナスの方向であろうと、年々の降水量変動の影響に比べて、今のところそれほど大きいものではない」と結論している。

太田猛彦を含む劉若剛らの論文『山地流域の流況曲線に与える降雨の年々変動の影響』においても同じような結論が出されている。

蔵治も、『〝緑のダム〟』（築地書館）で、「森林の成長は樹木からの蒸発散量を増加させ、渇水時には河川への流出量をむしろ減少させるかどうか」を論じ、「森林の成長の影響は、それがプラスの方向であろうとマイナスの方向であろうと、それほど大きいものではなかったことを、愛知演習林の七〇年間の観測結果は示している。（中略）よりくわしくは、今後の研究に待つところが大きい」と述べている。つまり蔵治としては、「森林の成長が渇水に及ぼす影響はそれほど大きいものではない」というのである。渇水に関する「答申」の見解は、太田らの研究から導かれたものとは異なるものである。研究者としては如何なものだろうか。

三菱総研による評価

「答申」では、諮問で求められた定量的評価法（できれば貨幣的評価法）を提示することができなかったが、「三菱総合研究所において、特別委員会及び両ワーキング・グループの討議内容を踏まえた定量的評価を行なった。そこでは従来の方法を、少しでも現実妥当性を高める方向で改善し、代替財の現在価格で貨幣評価を行なったが、その結果を次にあげる」として貨幣評価をしている。

「森林の多面的機能」について　（単位：年）。

［二酸化炭素吸収機能］：火力発電所の二酸化炭素回収装置を代替財として評価　一兆二三九一億円
［表面侵食防止機能］：砂防ダムを代替財として評価　二八兆二五六五億円
［表層崩壊防止機能］：土留工を代替財として評価　八兆四四二一億円
［洪水緩和機能］：治水ダムを代替財として評価　六兆四六八六億円
［水資源貯留機能］：利水ダムを代替財として評価　八兆七四〇七億円
［水質浄化機能］：雨水利用施設及び水道施設を代替財として評価　一四兆六三六一億円

合計　六七兆七八三一億円

この数値は林野庁の試算の約九〇％になる。両者の試算を勘案すると、森林の公益的機能は、年間約七〇兆円程度となる。

森林の公益的評価の貨幣評価額の当否はともあれ、相当の恩恵を享受していることは確かである。

第2章　〝緑のダム〟について～水源涵養機能の評価～

緑のダムの機能

森林はすべて〝緑のダム〟である。林学・林業関係者の間では、森林の持つ利水・治水の機能については早くから知られていて、「ブナの山には水筒要らず」（利水機能）といい、「黒木（針葉樹）になると川の水が少なくなる」（治水機能）といい伝えられて来た。

このような森林の機能について〝緑のダム〟といわれるようになったのは二〇～三〇年前からである。

一説によれば、一九七五（昭和五〇）年の『林業同友』第二二四号に「水資源の確保に『緑のダム作戦』」と題した記事が掲載されたのが最初であるとのことであるが、それ以前から、林野庁内部では〝緑のダム〟という表現が使われていた。

しかし、建設省（現国土交通省）は、林野庁が〝緑のダム〟という用語を『林業白書』で使用することに難色を示し、『林業白書』に「緑のダム」が記述されるようになったのは、一九九一（平成三）年度の『林業白書』からである。

二〇〇〇（平成一二）年には、民主党が、「〝緑のダム〟構想」を公表し、二〇〇一（平成一三）年には、長野県の田中康夫知事（当時）が、「脱ダム宣言」を行なった。

民主党の「〝緑のダム〟構想」は、鳩山由紀夫代表（当時）が、平成十二年十一月一日に、熊本の川辺川ダムを視察した折り、民主党の方針として宣言したもので、新しい河川政策として、河川行政の目標を、「コンクリートのダム」から〝緑のダム〟に切り換えなければならない、と述べている。

その具体的な方策として(a)建設中のダムをいったん凍結し見直しをする。(b)「〝緑のダム〟構想」を実現するため、環境庁（現環境省自然環境局）、林野庁、建設省（現国土交通省）河川局を統合した「国土保全省」を発足させる。(c)林野庁の赤字を一般会計で補填し、民有林の所有者に「山のお守り料」としてデカップリング（現金給付）をする等々を提言している。

森林の理水機能についての研究には、森林水文学の他、農業水利学からのアプローチもある。

農業水利の研究者である志村博康は、『現代水利論』（東京大学出版会、一九八二年）で、農地・森林の治水機能評価として、「豪雨時の出水を抑制する水田の貯水容量を八一億立方メートル、一八二の治水ダムの洪水調節容量の総和を二四億立方メートル、森林の貯水容量を四四四億立方メートル、畑地の貯水容量を一四億立方メートル」と算出している。

志村は、「森林が洪水調節機能をもつか否かについては議論の多いところであるが、森林が永い時間をかけてつくり出した森林土壌は極めてポーラスで、かつ土層の厚さが大きいから、かなりの水を貯えるであろうことは否定できない。林学の有光一登博士が、森林の貯水機能は木そのものよりもむしろ森林土壌にあるとされて、その貯水容量を試算しておられるので、それを紹介しよう」として以下のように述べている（著者註：ポーラスporousすき間が多い）。

「雨水の貯水機能を論ずる場合、対象となる土壌空間は粗空隙（直径一〇〇分の数ミリ程度の孔隙）でなければならない。〇・〇三ミリ以下（pF二・七以上）の細空隙（毛管空隙）では水は重力の作用ではほとんど移動しないから、それよりも大きい粗空隙が貯水空間となる。粗空隙率は母材の地質によってかなり異なり、平均的に見て火山灰や花崗岩類では二〇％を超えるが、第三紀層では一四％程度である。博士はわが国の森林面積を地質別に区分し、その面積割合をウエイトにして森林土壌の平均的粗空隙率を求めている。その値は一七・六％である。森林では根群域が大きいので、貯水の有効土層は厚い。概算として一メートルとすると、単位面積当たりの貯水可能量は一七六ミリとなる。これに森林面積二五二〇万ヘクタールをかけると四四四億トンという数字がでてくる。これが有光博士の求めた森林の貯水可能容量である。（中略）以上の説明でほぼ了解されるように、山地森林土壌では、出水を巧みに抑制する空き容量があるということができよう。もっとも、その空き容量はダムのように人工的に操作できるものではないから、必ず降雨の前に一定量の空きが存在するものではないが、長期連続降雨でない限り、期待してよい空き容量であるといえるのである。ここでは貯水可能容量四四四億トンをそのまま貯水容量としよう」。「森林の貯水容量は水田やダムに比べて極めて大きいことがわかる。森林の生長しやすい風土のおかげであり、また山地森林土壌を極めて広い範囲にわたって永く維持してきた森林管理の歴史のおかげである」。

pF二・七より小さい孔隙では、重力よりも毛管張力が大きくなって、水の毛管連絡が切断されてしまい、水は下方に移動できなくなる。

有光の知見は、『森林土壌の保水のしくみ』（有光一登編著・創文）に詳しく、拙著『なぜダムはいらないのか』でも紹介している。

森林の蒸発散は〝陸域の海〟

塚本良則農工大名誉教授は、『森林水文学』（文永堂、一九九二年）、『森林・水・土の保全』（朝倉書店、一九九八年）などで〝緑のダム〟のメカニズムについて記述されているが、二〇〇三年に書かれた『森林と流域水循環～森林の三機能・時代変遷・制御の限界』（『二一世紀水危機　農からの発想』山崎農業研究所編著、農山漁村文化協会）から知見を紹介する。

塚本は、流域水循環として以下の三つの機能を挙げている。

(1) 〝緑のダム〟の機能

「これは森林斜面の土壌がもつ機能で、降雨に対して流出の遅れを起こす現象である」。

「この森林土壌の機能による遅れた流出が、無降雨期の河川水を潤し、渇水を緩和する」。

(2)　緑の蒸発ポンプの機能

「これは森林の蒸発・蒸散の機能で、大きくは地球の水循環を動かし、小さくは個々の樹木の生命現象である。森林の蒸発散量の大部分は蒸散（根から吸いあげた水分が葉の気孔から大気中に排水されること）量と樹冠遮断量[注]からなる」。「森林を皆伐して幼木に代えたり、樹種を変えたりすると、緑の蒸発ポンプの能力が大きく変化する」。「森林がもつ三機能のうち、緑の蒸発ポンプの機能が森林の施業で最も大きな変化を起こす」。

(3)　緑の浄水機の機能

「これは森林流域の物質循環のなかで起こる現象で、大きくみると森林地が清浄な水を流出する機能である」。

塚本によると、古代の森林の略奪期は畿内に限られていたが、近世の略奪期の森林荒廃は日本全域に広がり、各地にハゲ山が形成され、森林・表土の荒廃は江戸末期から明治初期の政治の混乱期に最高に達し、太平洋戦争終了後の緑化事業まで続いた。

「太平洋戦後の大規模緑化によって、日本の山地からハゲ山は消えた。手入れ不足の人工林が多く、森林の健康度に問題があるが、現在の森林は量的には過去五〇〇年で最も豊かなものと言ってよいであろう」。「健全な生育をする森林は、大量の水を消費して、物質生産を行なう。旺盛な物質生産は物質循環を活発にし、豊かな土壌をつくる」。

緑の蒸発ポンプの機能に関しては、「森林が大きくなるにつれて蒸発散量も大きくなる。木材生産のための人工林は、木部の急速な成長を狙った林で、蒸発散量が特に大きい。森林を健全にするには間引きが必要である。間引きは森林の健全化に加えて、木材を収穫し、さらに河川流出量を増加させて水を収穫することになる」。

蒸発は樹冠等から遮断された降雨が大気中に戻ること、蒸散は樹木が根から吸いあげた水分が葉の気孔から大気中に排水されることである。

「〝緑のダム〟に貯留される雨水は、土壌の小孔隙（小さいすき間）中を流下する水であるから、ダムの容量はこの小孔隙量で表され、土壌の孔隙構成と土壌の厚さに関係する。土壌の孔隙構成と厚さは場所による変動が大きいが、ダムの容量は一〇〇〜二〇〇ミリ程度と考えてよい（塚本、一九九八）。これは〝緑のダム〟のポテンシャル容量で、実容量はその孔隙が水で満たされていない空き容量であるから、先行降雨条件によって大きく変動する。

技術的にみたとき、森林と土壌が発達・健全化した状態では、人工のダムと比較したとき〝緑のダム〟の問題点は二つある。①人間がポテンシャル容量を容易に増加できない。②実容量も人間が変化させることができないことである。

森林伐採などで増加する河川流量が、どの時期に流出するかについては次のような結果がでている（塚本、一九九二年）。①洪水ハイドログラフの増加は、直接流量で一〇％程度で、その増加分は洪水ハイドログラフの降下時に増加する傾向がある。②増加分を月流出量でみると、伐採などによる蒸発散の減少は三～四ヵ月遅れて流出する傾向がある。③森林伐採量と流出量増加の関係については、流出増加量は皆伐時を基準として伐採量に比例して増加する」。

塚本は、「森林からの蒸発散量は海面からの蒸発量に匹敵し、森林は地球循環において、〝陸域の海〟の役割を果たしている」として、森林の蒸発散を〝陸域の海〟と表現している。

注　降雨が樹木の梢や枝葉により受け止められて地上に到達しない雨の量。雨の時に樹の下で雨やどりをするのは樹冠により降雨が遮断されるからである。

水源涵養機能の定量化の方法

水源涵養機能の定量化の方法については、いくつかの自治体がいろいろな「試み」を行なっている。

群馬県林務部は、群馬県の民有林（二二万八五〇〇ヘクタール）の「貯水能」を六億二六〇〇万トンと公表した。この計算の根拠となったのは、一九八八（昭和六三）年二月に群馬県林務部が公表した『水源かん養機能計量化調査報告書』である。

この『報告書』は、真下育久・元東京大学教授、西沢正久・元九州大学教授、竹下敬司・元九州大学教授、松井光瑤・元国立林業試験場長、橋本与良・元静岡大学教授の指導を受け、群馬県林務部が作成したものである。

『報告書』によると、「本県においても立地的条件や社会的環境から、森林の持つ水源かん養機能の調査を行うことになったが、森林の持つ水源かん養機能には、森林土壌の孔隙組成が関与しているといわれているので、水の一時的貯留に有効な真下（元東京大学教授）により仮称された貯水能や、水の移動可能な範囲を示す粗孔隙量から解析を行なうこととした」。「従来から、土壌硬度と孔隙については、土壌硬度が土壌粒子の粒径分布、孔隙、水湿状態などの総合された値を表しているると考えられていることから、石レキ、土性、構造などの形態を十分考慮すれば土壌の粗孔隙区分もある程度予知することができるといわれている」ので、「簡単に測定しうる山中式土壌硬度計を用いて測定した硬度から粗孔隙量が推定できれば」「現地での土壌硬度測定と土壌断面調査だけで、容易に粗孔隙が測定でき分析時間の短縮になる」。「土壌粗孔隙量と硬度との関係把握のための調査、土壌硬度と林分要因調査、また前橋営林局及び県土木部八ッ場関係資料からいただいた試料を加え、森林簿に記載されている標高、傾斜、土壌型、地質、樹種の要因から粗孔隙量を推定し、粗孔隙量と貯水能の関係から群馬県民有林の貯水能を求めた」。

粗孔隙のうちでも水を保持しえない孔隙を最小容気量とし、貯水能は粗孔隙量から最小容気量を差し引いて求めている。このようにして求められた値（貯水能）は、「森林土壌が大雨時において土壌中に降水を浸透貯留して、河川に流出する最大流量を低くし、無降雨時でも浸透貯留した降雨を徐々に河川に流出し続けるという能力を持つと予測される指標値である」。

この結果、六森林計画区ごとの貯水能が推定され、群馬県の民有林二二万八五〇〇ヘクタールの貯水能が六億二六〇〇万㎥とされた。「森林計画区ごとの粗孔隙量と貯水能」は表2―2―1に示す通りである。

一九六二（昭和三七）年に発行の『森林と水資源』（林野庁監修）によると、「森林の土壌に雨水が浸透する能力、即浸透能は非常に大きくて、一時間四〇〇㎜またはそれ以上の値を示すことが少なくない。貧弱な林地でも一時間一〇〇㎜前後の値を示している。これに対して実際降る雨の強度は一時間八〇㎜位が最高で、しばしば見られる豪雨でも一時間三〇～四〇㎜を越すものは稀である。したがってこの限りにおいては森林内ではどんな場合でも地表流出は起こらないはずである。しかし地表流下は現実に起こっているし、実際にも森林が雨水を山にとどめておく能力はおよそ連続降雨量一四〇㎜内外までのようである」との記述がある。

群馬県の「森林計画区ごとの粗孔隙量と貯水能」によれば、比粗孔隙量（㎥／a）の県平均は三三・九八㎥／aで、これは三四〇㎜の降雨に対応する量であり、『森林と水資源』に示された値に近い。これから推測すれば、一四〇㎜程度の雨では地表流下は起こらないが、それを超える量になってからそれを上回った量が地表流下することになる（粗孔隙量は先行降雨のない渇水状態を想定している）。

長野県の「森林と水プロジェクト」

長野県林務部は、二〇〇一年五月に、『森林《もり》と水プロジェクト（第一次報告）』を公表した。

表2-2-1　森林計画区ごとの粗孔隙量と貯水能

森林計画区	鏑川	神流川	碓氷・烏	利根渡良瀬	奥利根	吾妻川	合計
面積（ヘクタール）	26,225.61	30,489.25	33,569.25	40,405.33	54,089.96	43,714.69	228,494.68
粗孔隙量（百万㎥）	97.5	112.0	137.3	141.7	179.3	170.2	838.0
比粗孔隙量（㎥／a）	37.19	36.74	40.88	35.08	33.16	38.92	36.98
貯水能（百万㎥）	72.8	83.6	102.1	106.0	134.4	126.8	625.7
比貯水能（㎥／a）	27.75	27.42	30.41	26.23	24.48	29.00	27.38

注）『水源かん養機能計量化調査報告書』（群馬県林務部）より引用

古林弘充林務部長（当時）は、「このたび県政において治水対策についての議論が高まり、総合的な治水対策を考える際、上流の森林の果たす役割はどの程度あるのかという問に対して、林務部として何らかの答えを出すことが求められました」。「国の森林総合研究所の力を借り、中部森林管理局と協力してプロジェクトチームを設置し、松本市の薄川《すすきがわ》流域を事例として森林の有する洪水防止機能の評価とその機能を発揮させるための森林整備の方向を検討することにしました」と述べている。

これは、二〇〇〇（平成十二）年十月十五日に長野県知事に当選した田中康夫知事（当時）が、同年十一月十四日に、松本市を流れる薄川に計画されていた大仏ダムの視察をし、翌日、ダム計画の中止を決定したことによる。

片倉正行長野県林業総合センター育林部長（当時）

は、『森林の洪水防止機能と森林施業〜長野県林務部 森林と水プロジェクト〜』(『林業技術』七二六号)という論文で以下のように述べている。

「森林が持つ洪水防止機能(あるいは貯水機能)の評価方法には、①推計学的方法、②流量曲線による方法、③流出モデルによる方法、④土壌孔隙による方法があります。今回、私たちは④の土壌学的手法で薄川流域の洪水防止機能を評価しました。この方法を選定した理由は、解析評価に必要な資料が簡単に入手できること、チーム員が理解し評価計算を行なえる手法であること、比較的短時間で成果品が得られること、また、他の流域にも適用できる可能性が高いことでした。そもそも、森林の持つ水源涵養機能(洪水防止機能)の根源は森林土壌にあるといえます」。

「貯留量(貯水量)は、[粗孔隙量%—最小容気量%]によって求めました。まず、長野県民有林適地適木調査報告土壌理学性測定値を土壌型別に整理し、それぞれの土壌型の層位別有効孔隙量を求めました」。「流域の土壌図から土壌型別面積を測定し、得られた面積にそれぞれの土壌型別貯水量を乗じて流域の貯留可能量を推定しました。この結果、流域の貯留可能量は一〇一〜一四二ミリと得られました」。「現実の貯留可能量(洪水防止機能)は、これらより大きな数値を示すものと考えています」。

「この数値は一連続降雨に対する流域森林の保水容量と見ることはできますが、河川流出量との関係を明らかにしなければ、治水の観点から見た、[森林の持つ洪水防止機能]の位置づけが評価できません。第二次報告の焦点としてこの問題を取り上げ、河川の流出解析に一般的に用いられている貯留関数法に森林要因を反映させる手法を提案しました」と結んでいる。

藤枝基久（森林総研）、片倉正行（長野県林業総合センター）は、第一一四回日本林学会大会で、『〝緑のダム〟の検証～長野県薄川流域の事例～』として「既存の森林土壌調査と林内雨量観測資料を用いて、大仏ダム流域の有効貯留量を、一〇一ミリ＜有効貯留量＜一四二ミリと推定した」と報告している（『第一次報告』参照）。

『森林《もり》と水プロジェクト（第一次報告）』を取りまとめた「森林ワーキンググループ」は、「長野県治水・利水ダム等検討委員会」での検討資料として、対象となった九つの県営ダムの保水力調査を行い、前記の手法を用いて流域の有効貯留量を推定した。

一方、県土木部は貯留関数法を用いて、県内九ダム計画の流出解析を行なっていた。

貯留関数法というのは、「降雨による貯留量Sと河川への流量Qの間に一義的な関数関係を仮定して、降雨量から流出量を求める手法」で、$S = KQ^{p}$という指数曲線の形で与えられる。ここでの定数K、pは流域ごとに設定され、流域の状況、河川延長、河床勾配等の河川の状況が反映される。過去の実測流量観測データがある場合は、その実測降雨パターンを使用した流出解析の計算結果と実測流量とを比較し、計算値と実測値が大きく違う場合は、再度定数の設定をやり直し、計算値と実測値がほぼあうまで計算する」。

加藤英郎（長野県林務部・森林と水プロジェクト・森林ワーキンググループの一員）は、第一一四回日本林学会大会の『学会報告』で、『洪水流出に対する森林の効果を考慮した流出解析の一手法~貯留関数法の適用事例~』で、「『貯留関数法による流出解析においては森林の機能は織り込み済みである』という通説に対し、森林の機能を重視する立場から改めて検証する」として考察を行なった。加藤は別に、蔵治光一郎編著の『〝緑のダム〟』でも、『脱ダムから〝緑のダム〟整備へ~森林と水プロジェクト活動から』という論文を書いている。

両論文を参考にして、この問題点を解説する。

『〝緑のダム〟』では、「流出解析の実態」として、「河川工学の分野では、貯留関数法による流出解析においては、森林の機能は織り込み済みだとか、森林の存在を前提にしているという説明がなされているが、この九ダム計画の解析においては、森林の状況はほとんど考慮されていないのではないかという疑問が出てきた」。「流出モデル作成の過程では、まずモデルの初期値を決めてそれを検証して最終モデルとするが、九ダム計画で決定されたモデルでは、結果的に初期値をほとんどそのまま最終定数として採用している事例が多かった。このモデルの初期値は本来ならば実績の洪水データから求めることとしているが、実際はすべて経験式によって求められていた。ところがこの経験式においては、河川(流路)の延長と平均勾配のみで数値が決められることになり、森林の状況を表わすファクターは全然入っていないのである」。

「飽和雨量というのは、これ以上雨が降ると全部流出する、正確にはすべて流出に関与するという、その限界の雨量であるが、多くの事例では一〇〇ミリメートル以下の値が採用されており、この飽和雨量の値が小さすぎるのではないかと思われた」。

そこで、森林ワーキンググループとして、以下の要点で解析した。

①　流出モデルの初期定数を経験式で算定せず、実測データに基づいて計算する。

②　飽和雨量はグループで推定評価した流域の有効貯留量を用いる。

③　先行降雨の有無により、二つのモデルを使い分ける。

以上のような手法で、一九八七年九月一〇日～一二日の降雨量一六〇ミリの事例で、薄川（大仏ダム予定地）の最大流量を求めたところ、県土木部のダム計画モデルでは毎秒一二六トン、提案モデルでは七五トンと算定され、県土木部の計算は、森林の機能を織り込んだ提案モデルの二倍近くになった。ダムを必要と主張をするには、最大流量が大きければ大きいほどいいだろうが、森林の機能を取り入れていない県土木部の計算は余りにも過大ではないだろうか。

『学会報告』では、長野県内九ダムの計画における流出解析について考察して、「一般に、流出モデルの同定はモデルの初期定数の設定から始めるが、県内九ダム計画では、これらはすべて実測洪水資料によらずに経験式を用いる簡略化した方法で求められていた。また、f₁（一時流出率）やRsa（飽和雨量）も規定値を採用している事例や総雨量―流出高図から求めている事例が多かった」。

「流出モデルの初期定数Kの設定に使用された経験式の変数は流路長と勾配であるので、流域の森林は関係していない。Rsaについても、特に森林の状態を考慮して設定されたものとはなっていない」。「従って、初期定数の設定や定数解析の過程では、流域の森林の状態ひいてはその機能が十分反映されていない」として、県土木部の県内九ダム計画の流出解析において、「森林の機能は織り込み済み」という前提を否定している。

加藤英郎の指摘するように、県内九ダム計画での飽和雨量は小さすぎると思われるが、飽和雨量を小さく設定すれば、ピーク流量は大きくなるので、ダム推進派にとっては都合の良い結果となる。

県土木部は、県内九ダムの一つである浅川ダムの流出解析を貯留関数法で計算するときに、ダム予定地上流の北郷水位観測所地点での実測流量波形と適合する飽和雨量を求めたところ、四〇ミリ、二五ミリ、九〇ミリ、六〇ミリの四パターンが得られた。この平均をとって飽和雨量を五〇ミリとして基本高水[注]を計算している。この結果、ピーク流量は三四トン／秒となった。

森林ワーキンググループが算定した浅川流域の有効貯留量は九〇ミリから一三〇ミリである。これを調整して飽和雨量を一〇〇ミリとすると、ピーク流量は二八トン／秒となった。

森林の機能を織り込めば、ピーク流量は下方に修正される（詳しくは、拙著『なぜダムはいらないのか』（緑風出版）を参照されたい）。

国土交通省は「貯留関数法では森林の機能は織り込み済み」というが、長野県での検証では、森林の機能は全く考慮されていないことが明らかになった。また、森林の機能を考慮すれば基本高水は下方修正できることも明らかになった。

カサリン台風の時の一九四七年と二〇〇九年とでは、利根川上流の森林の状況は大きく変わっていることは、第四章の奥利根上流の森林の整備状況を見ても明らかである。八斗島基準点の基本高水二万二〇〇〇トンは、長野県林務部が提案しているような手法で算定すれば、基本高水流量を下方修正することができるだろう。

注 基本高水とは、治水計画で防御対象とする洪水規模を流量の時間変化（ハイドログラフという）で表現したものである（大熊孝）。いいかえれば、流域に降った計画規模の降雨がそのまま河川に流れ出た場合の河川流量をいう。

森林総研による水源涵養機能の評価

森林総合研究所森林環境部・水流出管理研究室は、一九九七（平成九）年二月に、『森林の洪水防止・水資源かん養機能のＭＩについて』を公表した。以下要約する。

「森林流域の水源かん養機能は、森林植生と土壌の存在により洪水流量を減少させると共に基底流量を増大させる『流出量の平準化機能』と考えられている」。水源かん養機能の評価法は推計学的方法、流況曲線による方法、土壌の孔隙解析による方法および流出モデルによる方法があるが、未だ確立されたものはないようである。

「推計学による評価」では、「流域が森林で被覆され、その森林の状態が良くなる（森林蓄積量が増加する）ほど、ピーク比流量は小さくなることを示唆している。しかしながら、調査流域ごとに重回帰式（いくつかの変数に基づいて、別の変数を予測する式）が異なり必ずしも十分な成果を得るまでには至らなかった」とのことである。

「流況曲線（流量の状況を示す曲線）による評価」では、「定性的ではあるが、森林と水流出との関係は次のように要約できる。①森林は洪水量の軽減に貢献する（森林面積率が大きくなるとピーク比流量が小さくなる）。②森林は流量の一様性に貢献する（森林面積率が大きくなると豊水流量・平水流量・低水流量・渇水流量注が多くなる：森林植生の回復により、三〇日流量から低水流量の範囲で日流出量が増加する）。③渇水流量付近では森林の蒸発散作用により流出量が減少する（長伐期のスギ林では最小日流出量が増加したとの報告もあり、今後、低水時における森林の水消費に関するメカニズムの検討が重要である）」とのことである。

「土壌の孔隙解析による評価」では、「森林土壌学の分野では、流域の保水容量（土層中に水を貯留し得る容積の最大値）を土層厚と孔隙率の積で表し、この孔隙部分に貯留された水分が河川水をかん養しているものと仮定した森林の水源かん養機能の評価が行なわれている。この方法の特徴としては、調査流域の水文観測を伴わず、代表地点における土壌調査と既存の土壌図により、流域の保水容量を推定できることにある」。

藤枝基久は、『森林の水源かん養機能とその評価』（『林業技術』七七一号）で、土壌の孔隙解析による評価について説明している。

「近年、森林の水源かん養機能は〝緑のダム〟として、広く国民に親しまれています。水源かん養機能とは、健全な森林生態系の存在により豪雨時における河川の増水量（直接流出量）を軽減させるとともに、無降雨時の低水量（基底流量）を安定的に供給する作用、すなわち『河川流量の平準化』と考えられています」。「これらの働きは、森林植生が林地に特有の表層土壌を生成し、そこに雨水を貯留するために生起する水文現象で、主に、土壌の物理的性質と土壌層の厚さに依存しています」。

機能の水文学的評価によれば、「土地利用別の保留量曲線では、総降雨量二〇〇ミリにおける降雨損失量は、市街地（二二ミリ）、水田（五五・六ミリ）、畑地（八〇・六ミリ）、山地（一一九・五ミリ）の順になり、これが森林の洪水軽減機能を示すものとして、広く森林・林業関係者以外にも認識されています」。

機能の土壌学的な評価によれば、「保水容量はおおむね二〇〇～三五〇ミリであるのに対して、土壌貯水量は一三〇～二五〇ミリであり、前者は後者の一・五倍となっています」。「流域保留量と保水容量の関係」では、水文学は、総降雨量と直接流出量の差が流域に蓄えられた降雨損失量Ｓ（最大保留量）とし、土壌学は孔隙量と土壌層厚の積を保水容量Ssとするものです。また、水文学的方法は遮断貯留量と土壌水分貯留量の和であるのに対して、土壌学的方法は土壌水分貯留量（保水容量と同義に考える）だけの評価ですが、両者の関係は Ｓ＝α・Ssで示されます。ただし、0＜α≦1」。このように流域に蓄えられた水の量を流域保留量とする水文学の立場と土壌に蓄えられた水の量を保水容量とする土壌学では、幅があります」。「土壌学的評価は空の水槽の全容量を評価し、水文学的評価は水の残っている水槽への追加容量を評価することを意味します。従って、実際のαの範囲は0.4＜α＜0.6程度と推定されます」。

「森林施業への適用と問題点」としては、「大面積皆伐や除間伐の手遅れは、水源かん養機能の維持に悪影響を及ぼすことが指摘されています」。「これらの林地では、表層土壌の粗孔隙が減少し細孔隙（pF2.7以上の細粒の孔隙）が増加するため、林地に到達した雨水の一部が表面流出となり、土壌侵食の原因とされています」。「したがって、過密林分における間伐は、林床植生の生育やA_0層の発達を促し、水源かん養機能の維持・向上の視点からも重要と考えられます」。

水源涵養機能を満度に働かすためには、森林の整備が必要であることを示している。

注　一年間の毎日の流出量を大きい方から順に並べ、その日の流量を縦軸にとったものを流況曲線という。流況曲線の九五日目を豊水量、一八五日目を平水量、二七五日目を低水量、三五五日目を渇水量という。

日本の森林理水の流れ

中野秀章信州大学名誉教授は、『森林水文学・第二版』（共立出版・一九七七年）に、「日本に

おける森林水文研究の経過」を以下のように記している（以下要約する）。

　わが国の森林水文研究の開始は、明治政府がオランダから招聘した治水技術者に始まるとのことである。一八〇〇年代末期から一九〇〇年代初期になると、外国技術者の指導を受けた日本人研究者も現れ始め、西欧視察や留学研究が盛んになり、一八九六年に河川法、一八九七年に森林法、砂防法の成立をみた。「治水三法」という。

　一八九九年には、東京帝国大学に「森林理水及び砂防工学」の講座が開かれた。「このとき初めて森林理水の語が用いられた。当初（理水）の語は（治水）の意が強かったようであるが、今日では流出調節の意として用いられ、流出調節の重点は洪水と渇水の緩和と考えられ、したがって森林の理水機能（または効果）の語は森林の治水あるいは洪水緩和機能（または効果）と水源涵養あるいは渇水緩和機能（または効果）の両面を含む」（中野秀章のコメント）。

　それ以後、国立林業試験場が中心となって、多くの流域試験が行われた。戦後は、国立林業試験場に防災部ができ、森林水文研究を担当することになった。大学でも、「一九七四年現在二三の国立・公立大学、二私立大学で砂防工学とともに森林水文の教育と研究が実施されている」（国立大学の独立行政法人化により、学科名も講座名も大幅に変更されているので、最近の資料は把握できない）。

　森林水文学の研究史については、『森林水文学』（中野秀章）、『山の森と水と土』（竹下啓司）、

『森林の緑のダム機能（水源涵養機能）とその強化に向けて』（蔵治光一郎）等を参考にして欲しい。

中野秀章は、『森林水文学・第二版』（共立出版）の中で、「森林理水効果認識の芽ばえ」として以下のように述べている。

「弥生文化時代の後期（一〇〇〜三〇〇年）、すでに農耕民は洪水から住居や水田を守ることを考えていた形跡がある。明らかに記録に残る最初の治水工事は三二三年の淀川におけるものといわれている。この時代以降、各地で大規模な社寺の造営、道路の開設が行なわれ、製塩、製鉄が行なわれ、これらの材料や燃料採取のため森林の伐採が進み、さらに肥料としての落ち葉や林内下草の採取が行なわれ、その結果各地に荒れた山地が生じ、侵食土砂の流出が起こり、しばしば洪水が発生して人々の生活が脅かされるようになった。このため河川に堤防をつくり、これに樹木を植えて洪水被害を軽減することが試みられるようになった（七〇〇〜一六五〇年）。さらにその後の時代にはいると、治水は治山にありという思想が現われ、降雨ごとに多量の土砂が流出して河床が上昇し、舟運にさしつかえるばかりか、洪水氾濫によって水田や住居が流失あるいは破壊されるのは抜本的に水源山地が荒廃しているためだと考えられるようになった」。

さらに、岡山藩の熊沢蕃山の著書『集義外書』を紹介し以下のように記述している。

「このように、いまから三〇〇年以前に蕃山は森林が水害を防ぎ、水源を涵養する効果を認め、その活用法にもふれ、河川水理の一端にも気づき、さらにいわば砂防法や森林法の必要性を主張していたのである」。「蕃山の考え方は他の各藩でも採用され、全国各地で森林の伐採や伐採木根株の掘取が禁じられ、また簡単ながら独特の土工を補助的に施工して荒廃山地に森林を造成することが行なわれた。主として洪水と土砂流出の防止のために指定された森林を水除《みずよけ》林《ばやし》、水林《みずばやし》、水野目林《みずのめばやし》、砂除林《すなよけばやし》などとよばれ、そのほとんどは禁伐林で御留山ともよばれた」。

森林の水源涵養機能については昔から認識されていたことを物語るものである。

〝緑のダム〟の役割

一九六二（昭和三七）年に林野庁の監修により、『森林と水資源』（林野共済会）が出版されている。

一九七三（昭和四八）年に、国立林業試験場（現森林総合研究所）防災部に所属していた中野は、『森林の水土保全機能とその活用』という解説書を出版した。その中で、「以下に述べることは、主として、筆者のそれを含めて林業試験場防災関係研究者の多年にわたる業績の総合である。もとよりいまだきわめて不十分なものであるが、これらによって、われわれが森林の機能の定性的内容については一応の知識をすでに得ていることを知ることができる。しかしながら、定量的な内容と活用技術への発展についてはほとんど今後の研究に残されていることを思い知らされる」と述べている。

一九九六年には、日本林学会九州支部主催により、「都市渇水を救う森林～緑のダムの役割

〜」というテーマでシンポジュウムが開催されている。ここでは、「渇水と水循環」(太田猛彦)、「森林が水を蓄える働き」(高木淳二)、「森は水をきれいにしているのか」(中尾登志雄)、「熱帯林は水や土をどう守っているか」(谷誠)の講演が行なわれた(『森林科学』一八号、一九九六・一〇)。

太田は、降雨の流出過程や水源涵養機能の解析を説明し、「以上の結果より、森林の洪水緩和機能は主に森林土壌が雨水を浸透させ続ける作用により発揮されていると結論できる。森林には、森林土壌の働きによって洪水を緩和し、河川流量を平均化する作用があるということになる」、また「渇水緩和は新しい施業技術」で、「渇水を緩和するには、森林からの蒸発散量を人為的に少なくする必要がある。その方法とは樹冠遮断蒸発（樹冠からの蒸発）と蒸散を抑えることで、ともに葉量を制限すること、すなわち、間伐や枝打ち、場合によっては皆伐を行なうことも必要である」。「ともかく、森林土壌による洪水の緩和や利用可能な水の増加は森林に自然に備わった機能であるが、渇水流量の増加は人が手を貸して初めて可能となるもののようである」として、「木材生産と水資源確保とを両立させうる合理的な人工林管理技術の開発が望まれる」との期待を述べている。

二〇〇一年一月二八日に、東京大学愛知演習林主催で行なわれた「緑のダム研究の最前線と市民・行政・研究者の協働」というシンポジュウムで、緑のダム研究の最前線として、四名の研究者が研究発表を行なっている。

二〇〇三年には、日本林学会第一一四回大会で「〝緑のダム〟の検証とモデル化」についてのポスターセッションがあった。

林学研究者による森林水文学の研究の発展が期待される。

第3章　利根川の治水〜カサリン台風の場合〜

戦中の乱伐による利根川水害

いま利根川の支流の吾妻川で、コンクリートのダムの建設が始まっている。八ツ場《やんば》ダムという多目的ダムである。首都圏一都五県の住民が、八ツ場ダムの建設中止を求めて、住民訴訟を提訴している。

国土交通省は、八ツ場ダムは、治水上、利水上必要であるという。しかし、利根川上流の〝緑のダム〟が整備された現在、ダムは必要ない。

たしかに、利根川は以前から大水害を引き起こしていた。

江戸時代の新田開発ラッシュに加え、人々は、燃料、肥料、飼料その他生活の多くを山に依存していたので、里山・平地林は荒廃し、いたる所〝ハゲ山〟となり、庶民は水害に苦しめられたという。

明治期前半は、それまでの藩の森林管理もなくなり、ほぼ無政府状態だったために、乱伐が進み森林は荒廃した。このため、明治中期には各地で大水害が発生した。

この対策として一八九六（明治二九）年に河川法、一八九七（明治三〇）年に砂防法と森林法が制定された。『治水三法』である。

国有林では、一八九九（明治三二）年より特別経営事業を展開し、〝ハゲ山〟となった官有林の造林事業に取り組み、これにより、各地での水害の発生が減少した。

第二次世界大戦時の森林伐採により、日本の森林は再び荒廃した。一九四七（昭和二二）年には、全国で一五〇万町歩の裸山（造林未済地）が残されていた。このため一九四七（昭和二二）年にはカサリン台風、一九四八年にはアイオン台風、一九四九年にはキティー台風と相次いで襲来した台風は関東地方に大水害をもたらした。

この時期は、戦時伐採による森林荒廃が著しかった上、一方で、河川改修等の事業がほとんど進展していなかったので、災害の規模が大きくなったといえる。

高崎哲郎は、『洪水、天に漫ツ』に、建設省元事務次官・山本三郎の言葉として、以下のように記述している。

「私は当時解体直前の内務省土木部の若手の〈技術屋〉でした。関東地方ではカサリン台風と明治四三年の台風が最悪の被害をもたらしましたが、総雨量は前橋では明治四三年が三三八ミリ、カサリン台風が三九一・九ミリで、カサリン台風が過去最多となったわけです。問題なのは明治四三年は一週間の雨量なのに対して、カサリン台風はわずかに一日半ということです。

一日半で年間総雨量の四分の一が降ったことになります。まさに集中豪雨であり、想像を絶する雨量です。ただ被害の甚大さを考えると、雨量のせいばかりにはできないのです。やはり戦争の影響を考えなければなりません。山は伐採で荒れ果て、堤防は食糧増産のため芝は引きはがされて畑になっていました。堤防の近くには防空壕が掘られ水害に無防備状態になってしまいました。水防団員は少なく救助体制もできていませんでした」（『洪水、天ニ漫ッ』高崎哲郎、講談社、一九九七年）。

戦時中は、森林が乱伐され、その跡地は放置されていたので、各地に裸山（造林未済地）ができ、保水力が低下するとともに、山腹崩壊による土砂は川に流れ込んで河床を上昇させ、溢水の引き金となった。河畔林は燃料として伐採され、土手も荒廃し、堤防は洪水に耐えきれなくなっていた。食糧増産のために、赤城山麓などの水源林も開墾されて畑地になるという悪条件も重なった（『なぜダムはいらないのか』緑風出版）。戦時中には河川敷まで開墾され畑とされたのも、破堤の誘因となった。

『水害と治山』で、萩原貞夫東京大学名誉教授は、「カサリン台風による赤城山を中心とした大水害の主因は何といっても降雨の強さと量の大きさにあったといわれる。戦時中の山林乱伐が出水量の増加または裸地山腹における表面浸蝕に拍車をかけたことに疑う余地はない。しかし一面、いわゆる山崩れの現象は林地にも生じていること、別の言葉でいえば、異常な豪雨に際しては林被（筆者注・森林の状態）の有無よりも地質・土質および地形、特に傾斜が山崩れに対して密接な関係をもっているということは注目に値する。過去においては、ややもすれば森林の治水機能が過信されがちであった」と述べている。

カサリン台風による大水害の原因が、「戦時中の山林乱伐が出水量の増加または裸地山腹における表面浸蝕に拍車をかけたことに疑う余地はない」といわれるように、奥利根地域の国有林、民有林とも、山林の乱伐による荒廃は目に余るものがあった。特に赤城山の荒廃は著しかった。「森林の治水機能が過信されがち」というが、「戦時中の山林乱伐」が、森林の土砂流出防備、土砂崩壊防備の機能を極度に低下させたのであり、「山崩れの現象は林地にも生じている」のは森林の治水機能がないからではない。むしろ森林が荒廃すれば、国土保全上の問題が生じることの証左である。

『日本の水制』（山海堂、一九九六年）の著者の山本晃一も、「荒廃した河川の修復と水制」の項目で以下のように記述している。

「第二次世界大戦後の国土は、戦時中における河川事業の停滞、乱伐による森林の荒廃などにより、極度に疲弊した状況にあった。これらも一因となって、（中略）昭和二二年九月のカスリン台風（死者・行方不明一六二四人）、（中略）などの大災害が相次いで発生し、戦争による国の疲弊にさらに拍車をかけることとなった」。

カサリン台風による洪水被害については、山崎不二夫は、『明日の利根川』で以下のように記述している。

「利根川の上流流域には昔から天然林が大面積を占めていたが、その特徴は、深くきわめて密に発達している根系と厚い腐植層にある。その天然林が皆伐されると、このすぐれた根系が腐朽し、豪雨のとき浸透水の大きな水路となり、その根系の上部に発達した腐植層の構造が破壊され流出する。このように天然林が生育しているときは浸食をほとんどうけつけなかった林床は、一転して消失し、土壌は浸食にさらされるようになる」。「片品川左岸、吾妻川右岸寄りの南部山地には荒廃地が集中的に分布している。つまり赤城山周辺の山腹に山地崩壊が多い。カサリン台風では傾斜三五～四〇度の伐採跡地で総計約一一〇〇ヘクタールあまりの崩壊が発生している」とし、カサリン台風の洪水について、「明治四三年洪水とほぼ同程度の降雨量であったが、短期間に集中したこと、利根川河谷沿いと平地部に多雨であったことが特徴である」。「赤城山の南麓に大規模な土石流が発生し、甚大な被害をもたらした。利根川の水位は一五日午後から急激に上昇し、夜半には各地で溢水破堤（水が堤防から溢れ出て堤防を壊すこと）し、渡良瀬川合流点付近では一六日午前〇時に最高水位に達した。利根川右岸、埼玉県北埼玉郡東村新川通で破堤したのもほぼこの時刻である。同地点は下流側堤防より約一メートル低く、一五日二〇時頃より、約一・三キロメートルにわたって溢流し、裏法面[注]を浸食し、一六日〇時二〇分、二〇〇～三〇〇メートルにわたり破堤した」。

　堤防を越えてあふれた水が堤防の裏法面を削り破堤を引き起こした。戦時中の森林の乱伐と、赤城山の伐採跡地の崩壊が河床を埋めたため、被害が大きくなったのである。

注　堤防によって洪水氾濫から守られている側を堤内地といい、堤内地側の法面を裏法面という。

八ツ場ダム

国土交通省は、いまカサリン台風規模の台風が再来すれば甚大な水害になるというが、後述するように、林野庁の戦後六〇年の歩みで利根川上流の奥地森林は整備されている。国土交通省（旧建設省）も戦後六〇年、利根川の河川整備に莫大な予算を使ってきた。上流に六ダム群も建設された。昭和二二年当時とは大きく変わっている。

国土交通省は、八斗島での基本高水流量を二万二〇〇〇m³／s（秒）と推定しているが、山本晃一は、「利根川の計画高水流量は、八斗島で一万六〇〇〇m³／s、栗橋で一万七〇〇〇m³／sである」とし、一九五四（昭和二九）年から一九八八年までの八斗島地点の年最大流量の平均最大流量は三〇〇四m³／sであることを示し、「既往最大流量は、昭和二二年（一九四七）のカサリン台風による出水によるもので一万五〇〇〇m³／sと推定されている」と記述している。

八ツ場ダム訴訟の過程で、被告となった小寺弘之群馬県知事（当時）が、平成一八年九月一五日に、国土交通省関東地方整備局長に「照会」を行ない、九月二八日に「回答」を得ている。

この中で、「森林乱伐により山の保水力が著しく低下していたカサリン台風当時と比べ、現在では保水力が大きく向上しているから、カサリン台風が再来しても最大洪水流量は毎秒一万六〇〇〇㎥を下回ることは確実であるので、実績洪水流量を一万七〇〇〇㎥とするのは過大である」という原告の主張に対して、関東地方整備局からの「回答」では、「利根川の治水計画は流域の森林の存在を前提としている。カサリン台風をはじめとする治水上問題となる大洪水時には、森林の洪水緩和機能には限界があり、治水効果に見込めるほど大きく洪水流量が低減することはない」とし、日本学術会議の「答申」を引用し、「森林の洪水緩和機能の限界について指摘されている」と回答している。

しかし第２部第１章で詳述したごとく、「大洪水時においては、顕著な効果は期待できない」という日本学術会議の「答申」は科学的根拠のない、一部の政府お抱えの学者の個人的意見に過ぎない。「森林の存在を前提にしている」というが、第２部第２章で述べたごとく、森林の機能は計算されていないし、飽和雨量についても、都合のいい数字を当てているだけである。

しかし第４章で詳述するように、戦後六〇年、奥利根の森林整備も進み、〝緑のダム〟としての機能も十分備わったので、長野県林務部の森林ワーキンググループで行なった計算方法、すなわち、①流出モデルの初期定数を実測データに基づいて計算する、②飽和雨量に群馬県が算定した有効貯留量を用いる、③先行降雨の有無により二つのモデルを使い分ける、で計算すれば、〝緑のダム〟の機能は適正に評価されて、基本高水流量は下方修正され、ダムの必要性はなくなるものと考える。

山本晃一は、「一九五四（昭和二九）年から一九八八年までの八斗島地点の年最大流量の平均

図2-3-1　利根川・八斗島地点の年最大流量の推移

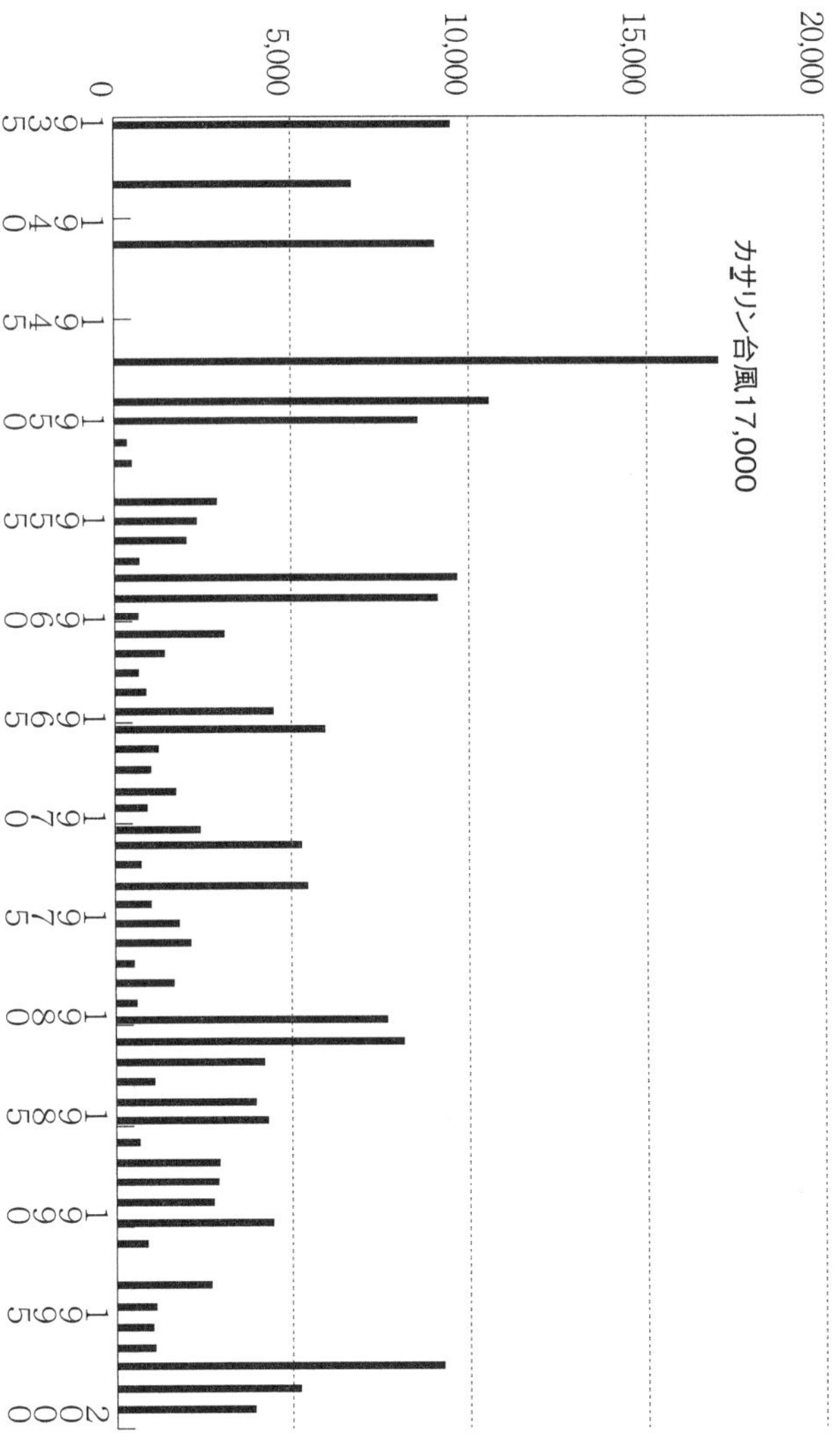

最大流量は三〇〇四㎥／ｓである」というが、利根川・八斗島地点の年最大流量の推移を見ると、昭和二二年のカサリン台風の一万七〇〇〇㎥は突出しているものの、それ以後、一万㎥を超える流量はない（図２―３―１）。

森林の整備が進み、〝緑のダム〟としての機能が充実してきたことを物語るものである。

第4章　奥利根上流地域の森林～過去・現在・未来～

一　奥利根上流地域の国有林

奥利根上流地域の国有林の概要

一九四七（昭和二二）年のカサリン台風は、利根川流域に甚大な水害をもたらした。この原因の一つとして、奥利根上流地域の森林の荒廃が挙げられる。その後六〇年を経たいま、奥利根上流地域の森林は健全に生育し、〝緑のダム〟としての機能を果たしている。戦後荒廃していた奥利根国有林の実情を調査し、以降六〇年にわたる森林整備の実績をたどり、現在の森林の生育状況と比較する。

以下、奥利根地域の国有林の状況について、林野庁関東森林管理局（旧前橋営林局）の資料により検討する。

対象とする旧奥利根地域施業計画区は群馬県の北部に位置し、沼田市、利根郡、吾妻郡の一円を包括する地域で、沼田営林署、月夜野営林署、水上営林署、中之条営林署、草津営林署の五営林署管内（当時）の国有林約一五万七〇〇〇ヘクタールの計画区である（現在は利根川本流上流域の利根上流森林計画区と吾妻川流域の吾妻森林計画区である）（図２―４―１、図２―４―２）。

一九八五（昭和六〇）年時点の「土地利用」（表２―４―１）を見てみると、旧奥利根地域施業計画区は群馬県の総面積の四七・九％を占め、林野率（計画区の中の林野の割合）は八四％である。林地面積の六一・八％を国有林が占め、冷温帯林のブナ、ミズナラなどが広範囲に分布しているほか、標高一五〇〇m以上は亜寒帯林も見られ、またカラマツを主体とする造林地も多い。奥地山岳地帯は利根川水源地帯として重要な位置を占め、天然林が多い。

奥利根地域の国有林施業の沿革

『前橋営林局・奥利根地域施業計画区　第二次地域施業計画書（計画期間　自昭和四六年四月一日　至昭和五六年三月三一日）』には以下のように記述されている（以下引用する）。

『第二次計画書』の「施業の沿革」によれば、「明治三二年から不要存置国有林野の売り払い代金を資金に国有林野特別経営事業が大正一〇年頃まで行なわれ、各事業区とも大面積の人工造林が造成された。植栽された樹種はスギ、ヒノキ、アカマツ、カラマツを主体に行なわれた」――が、その後、恒続林思想にもとづく択伐更新論が優勢になり、人工植栽は極端に排撃さ

表2-4-1『土地利用』　（昭和60年）

区分		群馬県（A）		計画区（B）	
		面積（ha）	比率（%）	面積（ha）	比率（%）
総数		635,561	100.0	304,445	100.0
林地	国有林	196,663	30.9	156,844	51.1
	民有林	230,019	36.2	99,038	32.5
	計	426,682	67.1	255,882	84.0
耕地	田	32,244	5.1	3,127	1.0
	畑	28,402	4.5	9,868	3.2
	樹園地	20,396	3.2	2,663	0.9
	計	81,042	11.3	15,658	5.1
	その他	127,837	20.1	32,905	10.8

注）奥利根地域施業計画区第５次地域施業計画書より作成した。

れ、更新は主として天然更新によることとされた。「特に昭和の初期から戦時態勢に入り、戦争遂行のため破壊的な乱伐が進められたが、人手不足から伐採跡地の更新は天然更新に頼らざるを得なくなり、人工造林は減少した。この現象は第二次大戦が終了して社会の混乱が治まった昭和二四年頃まで続いた。従ってこの間の人工造林は少なく、林業経営の前提である収穫の保続に大きな支障となっている」。

天然更新というといかにも森林環境に配慮した森林施業だと思われるが、森林立地の差も考慮せず、天然更新の手法（やり方）も分からぬままに、ヒトとカネの不足のために行なわれた手抜き作業が実体で、結局、国有林は、天然更新に飛びついた結果、各地に不成績造林地を抱えることになった。

「施業計画の沿革」の備考にも、「昭和一七年度一八年度は臨時植伐案、昭和一九年度〜同二一年度は決戦収穫案、昭和二二年度二三年度は非常植伐案により実行」と

図2-4-1　利根川上流森林計画区の位置図

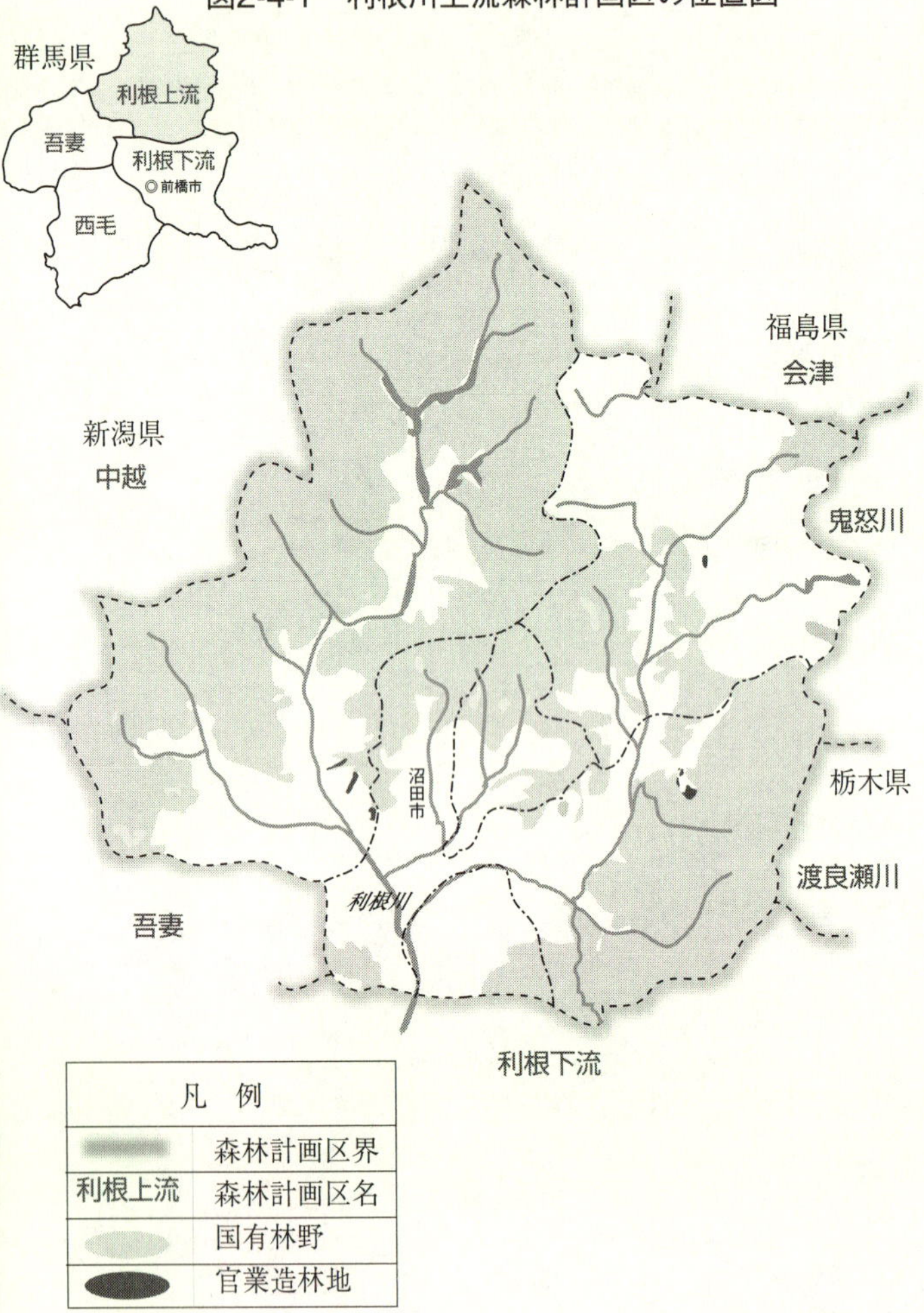

『利根川上流国有林の地域別の森林計画書』より引用

図2-4-2　利根川上流森林計画区の位置図

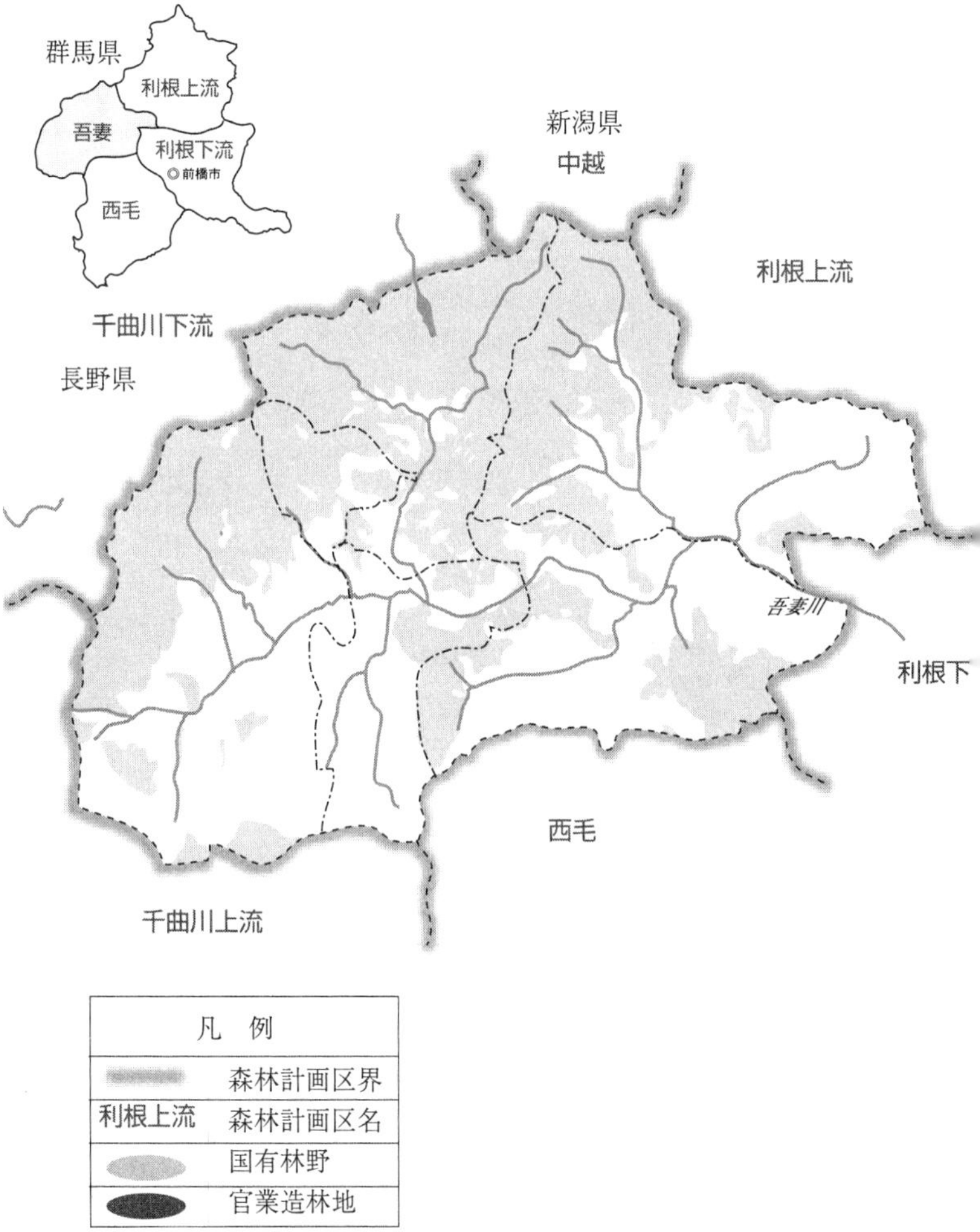

の記述がみられるが、これは戦時下と敗戦直後に大増伐が行なわれたことを物語るものである。

以上のことからもわかるように、奥利根地域の国有林は、昭和の初期から戦時体制に入り、増・乱伐が横行するなか、造林の人手不足を「天然更新」と言い繕い、昭和二四年からの本格的な造林期を迎えるまではそれまでの伐採跡地は放置されていた。

昭和二二年のカサリン台風はまさにこのような時期に利根川上流を襲い、未曾有の洪水被害をもたらしたのである。

戦後の国有林施業

「昭和二二年、林政統一による国有林野事業特別会計制度が発足した。これに伴い昭和二三年に、従来の国有林野施業規程が廃止され、新たに国有林野経営規程が制定され、これまで施業案といわれていた経営計画が経営案と改称され、戦時中の乱伐等のために荒廃した森林資源を早急に回復することに主眼がおかれ、伐採量は生長量を基準として決定されることになった。当計画区の編成は、定期編成のほか、臨時編成・暫定経営案・修正案等が昭和二二年～二八年にかけて行なわれた。新規程による編成の伐採量漸減計画および造林計画は、計画通り実行されず、森林生産力の減退は見逃し得ない実情となったので、昭和二八年、林力増強五カ年計画が立てられ、積極的に造林を推進することになった。これにより当計画区の造林量は急進した。その後、我が国の経済は、めざましい進展を続け、それに伴って木材需要は急激に増大してきた。このような情勢に対処して、積極的に森林を改良して、森林生産力の増強をはかり資源の充実に努めることにその主点がおかれ、昭和三三年に国有林野経営規程が全面的に改正され、経営案が経営計画と改称になり、より積極的な施業が進められ、主として量的生産による生産力増強計画が立案され、生長量の多いカラマツを主体に拡大造林が進められた」。

「昭和四四年に再び経営規程の改正が行なわれ、国有林経営のマスタープランとしての役割を果たしてきた経営計画は森林施業を中心とする地域施業計画に改称となり、量的生産の思想から質的生産をも加味した資源内容の充実も考慮することとなった。一方公益的機能の面では工業化による公害から端を発した世論は森林の自然保護についてもきびしい批判となって現われ、伐採による自然の破壊、薬剤散布による薬害、保健休養資源の確保などに国民の関心は高まり、必然的に国土保全、水源のかん養、保健休養的資源の確保など公益的機能への要請に対処することが必要となり、これらの機能確保と木材生産との調整をはかりながら、森林施業が進められることとなった」。「各事業区とも古い時代の資料がないので、施業方法の変遷は明らかでないが、大正初期における施業方法は皆伐跡地を人工造林と天然更新とに分けた輪伐期一〇〇年とした施業が続いた。昭和の初期には不景気などの影響で天然更新が論ぜられて人工造林は消極的となり、造林面積は減少した。この頃から天然更新の場合小径木を保残することが考えられ、その後保護樹帯保残方式などの伐採方法が採用されて、皆伐に伴う諸被害の防止策が講ぜられ、輪伐期は九〇年となるなど森林施業の体系化が進んだ」。

「第二次大戦が終了した以後しばらく、混乱した世相のなかで戦時中の乱伐の反省のうえにたった施業方法の検討が進められたが、皆伐跡地の六〇％程度を人工更新とし、輪伐期七〇年とする施業がとられた。昭和三〇年代は木材需要に応えるための木材の増産計画が立案されるなかで、集約施業論なども論ぜられ植栽本数も多くなり、スギ、ヒノキで四〇〇〇本、アカマツ五〇〇〇本、カラマツで三〇〇〇本と密植されて造林が行なわれた。また保育では下刈りの二回刈、施肥など積極的な施業が行なわれ全般的にこの時代が最も充実した経理であった」。

第二次計画書の「林況概況」

昭和四四年に経営規程が改正され従来の奥利根、吾妻両経営計画区を合して奥利根地域施業計画区とし、昭和四四年度に第一次地域施業計画が樹立された（この施業計画は一年であり、本格的な地域施業計画は昭和四六年から始まる第二次地域施業計画である）。

『第二次計画書（計画期間　自昭和四六年四月一日　至昭和五五年三月三一日）』の「林況概況」によれば、「本計画区の人工林は四八、二八〇ヘクタールとなっていて、林地面積の三四％にあたり、当局管内の計画区のうちでは比較的人工林の多い計画区といえる。しかし水上事業区では立地条件が悪く他の四事業区に比して少ない。人工林は齢級配置から明治の末期から大正の中期にかけて植栽された特別経営造林と戦後の昭和二五年頃から植栽された幼齢造林に大別することができる。従ってⅧ齢級以上の老齢人工林が全体の二八％、Ⅳ齢級以下の幼齢林が六五％を占めていて戦前の植栽にあたるⅤ～Ⅶ齢級のものは七％に過ぎない」。

「齢級」は、同齢林における施業の計画または実行上、林齢をそのまま用いることの煩雑をさけるため、一定の年齢階ごとに林齢をまとめたものである。わが国では通常Ⅰ齢級を五年としている。齢級をあらわすのは普通ローマ字を用い、一～五年をⅠ齢級、六～一〇年をⅡ齢級等であらわし、無立木地は零齢級とする（井上由扶）。

Ⅷ齢級以上（四〇年生以上）の「老齢」人工林というのは特別経営時代に植栽されたスギ・ヒノキ等であり、戦後の国有林を財政的に支えた森林であるが、決して「老齢」といわれる森林ではない。

しかし長伐期（伐期齢：スギ・ヒノキ一二〇年、マツ一〇〇年）から短伐期（スギ五〇年、ヒノキ五五年、カラマツ四〇年、アカマツ四五年）に国有林野経営規程を改訂した国有林にとっては、Ⅷ齢級以上の林分は「老齢」「過熟林分」であり、増伐するにあたって主伐の対象とすることができるようになった。

六五％を占めるⅣ齢級以下の幼齢林というのは二〇年生以下の森林で、戦後の植栽であるが、この森林はいま（二〇〇八年時点）は三五年生以上五五年生以下の若齢林になっている。Ⅴ～Ⅶ齢級のものが七％と少ないのは、戦時中には人工造林がほとんど行なわれなかったからである。

第三次計画書の「林況概況」

一九七六（昭和五一）年の『第三次計画書（計画期間　自昭和五一年四月一日　至昭和六一年三月三一日）』の「林況概況」によれば、「人工林は林地面積の三七％を占め、目標とする人工林面積に対しては八九％の達成率である」。「齢級別に見ると、Ⅰ～Ⅳ齢級の幼齢林が全体の六八％を占め、Ⅴ～Ⅷ齢級一四％、Ⅸ齢級以上一八％で、不法正な齢級配置となっている」。Ⅰ～Ⅳ齢級の幼齢林が全体の六八％を占めるというのは戦後の造林であり、いまは、三〇年生以上五〇年生以下の若齢林が人工林の三分の二を占めているということである。

地種区分（表2―4―2）を見れば、奥利根地域施業計画区の総面積の約六〇％は第一種林地（制限林）であり、水源涵養保安林をはじめ各種保安林、自然公園等公共性の強いのが特徴であり、当計画区は「総体的に見て森林の有する公益的機能と木材生産機能等の多面的機能が非常に高い地域」であり、また部分林・薪炭共用林野等の第三種林地も多く、地元住民の社会経済と密接な関係を持っている地域である。

第四次計画書の「林況概況」

一九八一（昭和五六）年の『第四次計画書（計画期間　自昭和五六年四月一日　至昭和六六年三月三一日）』の「林況概況」によれば、「当計画区の森林植生は水平的には温帯に属し、垂直的に

表2-4-2『地種区分』(ha)『昭和60年』

第1種林地	86,948.76	61.77%	制限林（保安林等）
第2種林地	49,979.43	35.50%	経済林（木材生産林）
第3種林地	3,843.50	2.73%	部分林
林地計	140,771.69	100.00%	
除地	16,073.03		
合計	156,844.72		

註）奥利根地域施業計画区第5次地域施業計画書より作成した。

は標高三六〇～二五七八mの間にあるため、低山帯から高山帯までの広い範囲の分布を呈している」。「天然林は林地面積の六一％を占める八万七〇〇〇ヘクタールあり、Ⅹ齢級以上の老齢林分が八一％を占め一般に形質、生育とも不良なブナ、ミズナラを主とする広葉樹林分が残っている。二次林は過去において製炭した林分で、Ⅶ～Ⅹ齢級が多く、一般に多雪地の急傾斜地に立地している」。

林地面積の六一％を占める天然林は、昭和四八年に出された「国有林野における新たな森林施業」の導入により、「森林の公益的機能をより重視する運営を行うため皆伐面積の縮小、伐採地点の分散等」が図られたが、「形質、生育とも不良な広葉樹が残っている」というのは、形質・生育の良いカネになる広葉樹は、昭和三〇年代から四〇年代に「良木択伐」として伐採されたからである。

人工林の分布及び生育状況については、「人工林は林地面積の三八％を占める五万三〇〇〇ヘクタールで、樹種別は、スギ二一％、ヒノキ八％、アカマツ一一％、カラマツ五三％、その他七％となっている。齢級別に見ると、Ⅰ～Ⅳ齢級の幼齢林が六一％を占め、Ⅴ～Ⅷ齢級二五％、Ⅸ齢級以上一四％で不法正な齢級配置となっている」。「スギは沼田事業区の子持、大峰、中之条事業区の沢渡、反下、四万下流地区の立地条件の良いところを厳選して植栽されているので、一部に例外（乾寒風害）はあるが一般に生育良好である」。「ヒノキはスギと同様の分布を示し、一般に良好な生育を示している。スギと同じく特別経営時代に植栽された林分は伐採されて少なくなり、一〇年生以下の林分が六一％を占めており、一般中之条、沼田事業区に分布している」。「アカマツはⅣ齢級以下の幼齢林が八七％を占め、一般に生育は中庸であるが、三峯地区には良好な林分が見られる」。「カラマツは人工林面積の五三％に相当する二万八〇〇〇ヘクタールで、当局管内の四四％の位置にあり、カラマツのウエイトが極めて高い計画区である。浅間山、万座、奥日光に天然カラマツが分布している立地条件から、当計画区はカラマツの郷土といわれる位置にあり、草津事業区全域をはじめ、榛名団地、片品川流域に生育良好な一斉造林地が見られる。カラマツは、戦後植栽された林分が八七％と大部分を占め、ようやく間伐期に達してきたが、一部に成績の劣る造林地が風衝地、北面した傾斜地、多雪地、湿性林地、高標高地（一五〇〇ｍ以上）等で見られる」とのことである（著者注：大量に植栽されたカラマツの人工造林地は先枯病の被害の他、伊勢湾台風や五六台風による風倒などの大きな被害を受けた。カラマツは、最近はあまり造林されていない）。

戦後造林された人工林は壮齢林に生長し、かつての不成績造林地は優良造林地へと質的・量的に改良され、昭和五〇年、五五年、六〇年と、蓄積は増大している（表２―４―３）。

齢級配置が不法正なのは、法正状態を無視するような増伐が行なわれて伐採面積が拡大した

表2-4-3『林種別蓄積』　(m³)

	昭和50年	昭和55年	昭和60年
人工林	3,293,709	4,123,999	5,183,976
天然林	9,342,471	9,256,856	9,260,382
合計	12,636,180	13,380,855	14,444,358

注）奥利根地域施業計画書より作成した。

ため、新植面積も増え、幼齢林の面積が増えたためである。

第五次計画書の「林況概況」

一九八六（昭和六一）年の『第五次計画書（計画期間　自昭和六一年四月一日至昭和七一年三月三一日）』の「林況概況」によれば、「天然林は林地面積の六一％を占める八万五〇〇〇ヘクタールあり、Ⅷ齢級以上の老齢林分が七八％を占め一般に形質、生育とも不良なブナ、ミズナラを主とする広葉樹林分が残っている」。「人工林は林地面積の三九％を占める五万四〇〇〇ヘクタールで」「齢級別に見ると、Ⅰ～Ⅳ齢級の幼齢林が五〇％を占め、Ⅴ～Ⅷ齢級三八％、Ⅸ齢級以上一二％で不法正な齢級配置となっている」とある。

戦後の人工造林が順調に生育し、奥地国有林の森林が〝緑のダム〟としての機能を果たしつつあることが見て取れる。

以上、奥利根国有林の施業の状況を見てみると、現在の奥利根国有林は、カサリン台風が襲来した昭和二二年と比べるとはるかに健全な森林地帯になっていて、カサリン台風が再来しても、〝緑のダム〟としての機能を十分果たすことができ、利根川下流域にかつてのような洪水被害をもたらす恐れはなくなっている。

しかし、八ツ場ダムの建設が計画されている吾妻川流域は、戦後の農地解放・開拓による農地の拡大と九〇年代から始まったスキー場、ゴルフ場、別荘分譲、リゾートホテル、リゾートマンションなどのリゾート開発により、森林の一部が転用され無立木地となっている。最近はゴルフ場、スキー場等の倒産が続き、跡地が放置され、大出水が懸念される。大きな崩壊を引き起こさないうちに跡地（無立木地）を森林に復元し、コンクリートのダムではなく〝緑のダム〟を補強すべきである。

二　群馬県の森林・林業〜奥利根上流域を中心に〜

奥利根上流地域の国有林の現況

群馬県の県土面積は六三万六三一六ヘクタールで、その三分の二が丘陵山岳地帯である。森林面積は四二万四四六四ヘクタールで、林野率は六六・七％である。内訳を見ると、国有林一九万七〇三〇ヘクタール、民有林二二万七四三三ヘクタールである。

奥利根上流地域の森林資源の現況を、『群馬県森林林業統計書』（平成一八年版）および関東森林管理局の地域別の『森林計画書』によって概観する。

表2-4-4『土地利用』（その1）

（平成18年）（ha）

区分		群馬県（A）		旧奥利根地域施業計画区（B）	
		面積（ha）	比率（%）	面積（ha）	比率（%）
総数		636,316	100.0	304,402	100.0
林地	国有林	197,030	31.0	154,305	50.7
	民有林	227,433	35.7	98,323	32.3
	計	424,464	66.7	252,578	83.0
耕地	田	20,515	3.2	1,585	0.5
	畑	25,216	4.0	9,675	3.2
	樹園地	2,229	0.4	399	0.1
	計	47,961	7.5	11,659	3.8
	その他	163,891	25.8	40,166	13.2

注）1　利根上流森林計画区と吾妻森林計画区を併せて旧奥利根地域施業計画区とする。
2　群馬県及び関東森林管理局の資料により作成した。
3　ここでの国有林は，利根上流森林計画区と吾妻森林計画区であるが，関東森林管理局の数字と若干の違いがある。
4　端数処理の関係で総数が一致しない場合もある。

表2-4-5『土地利用』（その2）

（平成18年）（ha）

区分		利根上流森林計画区		吾妻森林計画区	
		面積（ha）	比率（%）	面積（ha）	比率（%）
総数		176,575	100.0	127,827	100.0
林地	国有林	96,790	54.8	57,515	45.0
	民有林	54,258	30.7	44,065	34.5
	計	150,998	85.5	101,580	79.5
耕地	田	961	0.5	624	0.5
	畑	4,393	2.5	5,282	4.1
	樹園地	307	0.2	92	0.1
	計	5,661	3.2	5,998	4.7
	その他	19,917	11.3	20,249	15.8

注）1　端数処理の関係で総数が一致しない場合もある。
2　国有林には林野庁外を含む。
3　関東森林管理局および群馬県資料により作成した。

平成一八年の奥利根上流地域の『土地利用』は表2―4―4および表2―4―5の通りである。奥利根上流の国有林の『林種別面積』は表2―4―6の通り、『林種別蓄積』は表2―4―7、表2―4―8、表2―4―9の通りである。

利根上流森林計画区・吾妻森林計画区〔旧奥利根地域施業計画区〕の国有林の蓄積は、二〇〇六年時点で約一八九〇万㎥で、この三〇年間に蓄積は一・五倍になっている。特に人工林の生長は良く、人工林の蓄積は約八六三万㎥で、二・六倍に増加している。戦後六〇年間に、奥利根地域の国有林の人工造林がすすめられた結果、高蓄積の森林に順調に生育してきたことを示すものである。

『利根上流国有林の地域別の森林計画書』及び『吾妻国有林の地域別の森林計画書』の現況から、「旧奥利根地域施業計画区」の現況をまとめる〔地域別の森林計画書より引用〕。

1　利根上流森林計画区〔計画期間　自平成一八年四月一日〜至平成二八年三月三一日〕。

(1)　森林の概況

人工林面積は、二万九〇〇〇ヘクタールで森林面積の三〇%を占め、齢級別にみると、Ⅰ〜Ⅴ齢級の幼齢林が全体の一五%、Ⅵ〜Ⅷ齢級の間伐適齢級の林分が四三%、Ⅸ齢級以上〔四一年生以上〕が四二%という齢級配置で、蓄積合計は五一〇万立方メートルである。

天然林の面積は、五万七〇〇〇ヘクタールで森林面積の五九%を占め、蓄積は六六二

表2-4-6『林種別面積』

(ha)
(旧奥利根地域施業計画区)

	総数	人工林	天然林	その他（m³）
利根上流	97,489	28,985	57,067	11,436
吾妻	58,132	22,892	29,851	5,389
合計	155,621	51,877	86,918	16,825

注）1　利根上流森林計画区と吾妻森林計画区を併せて旧奥利根地域施業計画区とする。
2　群馬県森林林業統計書により作成した。

表2-4-7『林種別蓄積』（その1）

(m³)
(利根上流森林計画区)

	総数	人工林	天然林	その他m³
国有林	11,738,034	5,109,223	6,627,196	1,615
民有林	10,972,227	5,890,395	5,081,832	—

注）群馬県森林林業統計書により作成した。

表2-4-8『林種別蓄積』（その2）

(m³)
(吾妻森林計画区)

	総数	人工林	天然林	その他m³
国有林	7,161,80	3,520,984	3,625,173	15,652
民有林	8,545,293	6,164,687	2,380,606	—

注）群馬県森林林業統計書により作成した。

表2-4-9『林種別蓄積』（その3）

(m³)
(旧奥利根地域施業計画区)

	総数	人工林	天然林	その他m³
国有林	18,899,843	8,630,207	10,252,369	17,267
民有林	19,517,520	12,055,082	7,462,438	—
合計	38,417,363	20,685,289	17,714,807	17,267

注）1　群馬県森林林業統計書により作成した。
2　利根上流森林計画区と吾妻森林計画区を併せて旧奥利根地域施業計画区とする。
3　関東森林管理局の資料と数値が一致しないところがある。

万立方メートルで、総蓄積の五六・五％にあたる。

無立木地が約一万ヘクタールあるが、その中にはゴルフ場、スキー場などのリゾート関係の貸付地もある。

(2) 森林整備及び保全の基本方針

水源かん養機能または山地災害防止機能を重視する「水土保全林」が全体の六一・七％、生活環境保全機能または保健文化機能を重視する「森林と人との共生林」が三五・八％、木材等生産機能を重視する「資源の循環利用林」は二・五％で、かつての木材生産重視から天然林の保護や高齢級の森林への誘導を図っている。

2 吾妻森林計画区（計画期間　自平成二〇年四月一日〜至平成三〇年三月三一日）。

(1) 森林の概況

人工林の面積は全体の林地面積の三九％にあたる二万二〇〇〇ヘクタールで、蓄積は総蓄積の五〇％にあたる三八三万立方メートルである。齢級別にみると、Ⅰ〜Ⅳ齢級の幼齢林が全体面積の四％、Ⅴ〜Ⅷ齢級が四九％、Ⅸ齢級以上が四七％と、壮齢林が半分近くを占めている。

天然林は三万ヘクタール（五三％）で、蓄積は総蓄積の約五〇％（三七九万立方メートル）を占めている。

無立木地が四六九〇ヘクタールあるが、これも農地及び農道の他、スキー場、ゴルフ

表2-4-10　群馬県の森林の貯水能力

民有林の貯水能力	626,000千トン
国有林の貯水能力	554,000
貯水能力の合計	1,180,000
8ダム有効貯水量	527,730
藤原ダム	35,890
相俣ダム	20,000
薗原ダム	14,140
矢木沢ダム	175,800
下久保ダム	120,000
草木ダム	50,500
奈良俣ダム	85,000
渡良瀬遊水池	26,400

注）『群馬県の森林林業2007年版』より引用した。

場などのリゾート関係である。

(2)　森林整備及び保全の基本方針

「水土保全林」が五八％、「森林と人との共生林」が三八・三％、「資源の循環利用林」が三・七％で、木材生産機能を極力抑え、森林の多面的機能への国民のニーズに応えようとしている。

奥利根地域（旧奥利根地域施業計画区）の国有林の森林整備も進み、壮齢林が増え、蓄積も増大している。まさに〝緑のダム〟の整備が進んでいるといえる。

群馬県の森林の貯水能力

二〇〇七（平成一九）年二月発行の『群馬県の森林林業』（二〇〇七年版）には、森林の公益的機能として「群馬県の森林の貯水能力」の表（表2―4―10）が掲記されている。これによると群馬県の森林の貯水能力は、民有林六億二六〇〇万トン、国有林五億五四〇〇万トン、合わせて一一億八〇〇〇万トンである。これに対して群馬県の八ダムの有効貯水量は五億二七七三万トンで、群馬県の森林の水源涵養機能は八ダムの合計貯水量の二倍以上もある。

群馬県の作成した『ぐんまの森林づくり』でも、「群馬の森林は一一億八〇〇〇万トンもの水を貯えることができ、まさに〝緑のダム〟と言えます」とある。一一億八千万トンというのは東京ドーム九五万個以上だと説明している（筆者注：ここで示された貯水容量は粗孔隙量であり、河川流出量との関係は明らかではない）。

この計算の根拠となったのは、第一章で説明した、一九八八（昭和六三）年二月に群馬県林務部が発行した『水源かん養機能計量化調査報告書』である。

奥利根上流の森林の貯水能力

『報告書』の「森林計画ごとの粗孔隙量と貯水能」を参考にして、「奥利根」と「吾妻川」の森林の貯水能を推定する（表2―2―1、一六三頁。粗孔隙量は貯水空間を示すものである）。『報告書』の調査は民有林を対象としているが、国有林の「比貯水能」を民有林と同じとして推定する。かなり粗い数字となるが、奥利根上流の森林の貯水能を知る上での参考として推定した。

これによると、旧奥利根地域施業計画区の森林（国有林・民有林）の貯水能は六億八〇〇〇万トンになる。「比貯水能」は三〇年前の数字であり、現在の森林の状態からすれば、より大きな貯水能があると思われる。森林のさらなる整備により、保水力はさらに大きくなる。
水源県としての群馬県の森林は、まさに〝緑のダム〟である。

三　赤谷プロジェクト

地域住民による国有林の保全

一九八七（昭和六二）年に制定された総合保養地域整備法（以下リゾート法という）により、全国各地で乱開発が横行し、全国の自然環境は大きく破壊された。リゾート法は、これまで聖域とされていた国有林までも乱開発の餌食にした。

これに対して、全国各地で、自然環境を守ろうとする住民の反対運動が起こり、各地の開発計画は大きく頓挫した。さらにバブル経済の崩壊とともに、リゾート開発計画は各地で挫折し、第三セクターの破綻は多くの自治体の財政を悪化させた。制定以来二十余年を経たいま、リゾート開発の失敗の爪痕を各地に残し、リゾート法の功罪が問い直されている。

赤谷プロジェクトは、リゾート開発に反対した住民の手により国有林の乱開発をくい止め、地域住民の手により、豊かな自然を後代に伝えていく〝地域づくり〟の成功例である。

一九八八（昭和六三）年一二月二六日に、リゾート法に基づく群馬県の「ぐんまリフレッシュ高原リゾート構想」が承認されたが、構想の中に、上州国境三国山系の上信越高原国立公園内の国有林に、「三国高原猿ヶ京スキー場」を建設する計画が設定されていた。

スキー場予定地は新治村の水源地で、天然のブナ林を有する水源涵養保安林と土砂流出防備保安林に指定されている国有林で、豊かな自然に恵まれ、イヌワシ、クマタカ、オオタカなどの猛禽類、希少種のブッポウソウやクマ、カモシカなどの大型哺乳動物、その他生物多様性の地域として生物学的にも貴重な地域である。

当初は第三セクターで運営するとのことだったが、一九九〇年になり、当時、政界に隠然たる力を持っていた堤義明の「コクド」が事業主体として名乗りを上げてきた。

「コクド」の参入に地域の乱開発を危惧した住民有志は、同年七月、「新治村の自然を守る会」を設立した。代表には法師温泉の岡村興太郎、事務局長には湯宿温泉の岡田洋一が就任した。

「守る会」は、「三国高原猿ヶ京スキー場建設計画の白紙撤回」を決議し、関係方面への陳情や、地域住民との連帯を強めるとともに、保安林解除に対する異議意見書の提出などを全国に呼びかけた。また村民自らの手で新治村の自然環境を調査しようとして「村民調査団」を結成し、イヌワシをはじめとする生物相の総合調査を定期的に行なったが、これには日本自然保護協会や群馬県自然保護団体連絡協議会（代表飯塚忠志）が全面的に協力した。

バブル経済の崩壊とともに、リゾート開発は挫折し、コクドはスキー場計画から撤退した。この間の経緯については『スキー場はもういらない』(藤原信編著、緑風出版、一九九四年)に詳しい。

国有林再生への将来像

反対運動を通じて、地域の素晴らしい自然環境を再確認した地域住民は、この自然を守るために新たな運動に取り組んだ。

地域住民は、「赤谷プロジェクト地域協議会」(代表岡村興太郎)を結成し、日本自然保護協会(横山隆一常務理事)の助言と、関東森林管理局の田米開隆男計画第一部長(当時)の協力により、「三国山地/赤谷川・生物多様性復元計画」を立案し、三者が協働・連携して、三国山地の豊かな森林を守っていくことになり、二〇〇三年四月に第一回準備会を開催した。

「AKAYA(赤谷)プロジェクト」の総合企画書によれば、「本プロジェクトは、このような自然・社会状況にある三国山地一帯の地域において生態系の保全管理のための新時代の協働の枠組み構築、生物多様性保全に資する科学的な地域環境管理計画の実現、そして高い持続性をもつ地域社会づくりの三点を整合的に行なうことに関する、日本におけるモデルを構築することを目的とする」とし、目標として「地域自然環境の確実かつ科学的な保全の実現 地域生態系の非消耗型活用 地域と地域自然に関係する諸団体の、行為を伴う連携(パートナーシップ）」を定めた。

関東森林管理局作成の資料によれば、「ＡＫＡＹＡ（赤谷）プロジェクトは、群馬県みなかみ町北部（筆者注：新治村は町村合併によりみなかみ町となった）、新潟県との県境に広がる、約一万ヘクタール（一〇キロ四方）の国有林［赤谷の森］を対象に、地域住民で組織する「赤谷プロジェクト地域協議会」、㈶日本自然保護協会、林野庁関東森林管理局の三つの中核団体が協働して、生物多様性の復元と持続的な地域づくりを進める取り組みです」とある。

利根川本川上流に位置する、豊かな自然の宝庫ともいえる広大な国有林（約一万ヘクタール）が、生物多様性の質を高めつつ保全されることになった。

奥利根地域の〝緑のダム〟の質も、より一層高くなることと思う。

「ＡＫＡＹＡ（赤谷）プロジェクト」の成功は、これからの林野庁の進む方向を示唆するものといえる。

第5章　〝緑のダム〟かコンクリートのダムか

コンクリートダムによる環境破壊

〝緑のダム〟としての森林がコンクリートのダムに代わり得るかということについてはいろいろな意見がある。森林の持つ〝緑のダム〟としての機能はオールマイティーではなく、その働きには限界があるとされ、これまでは、洪水対策、渇水対策としてコンクリートのダムが造られてきた経緯がある。

しかし、〝緑のダム〟としての森林の機能を過小評価することにより、必要以上にコンクリートのダムに頼る結果となったのではなかろうか。

山崎不二夫は、『明日の利根川』（農文協、一九八六年）に「ダム開発と環境破壊の問題」として以下のように記述している。

「戦後アメリカのＴＶＡの成功に刺激されて河川総合開発事業が発足し、発電、水資源開発、洪水調節の三目的をもつ多目的ダムの建設が盛んに行なわれた。その初期には、電源開発が中心だったが、高度成長が進み都市の水需要が増大するにつれ、水資源開発に重点が移っていった」。「たしかにダム開発の効果は大きい。しかし、反面それは種々の環境破壊をひきおこす。水没による住民の故郷喪失とそれを契機にした周辺地域の過疎化の進行、ダム上流の堆砂による河床上昇と水害の激化、ダム下流の河床低下による諸障害と河口の海岸線の後退、洪水時にダムにたまった濁水の放流による下流淡水漁業の壊滅などをあげることができる」。「これらのダムのもたらすマイナスのうち、社会的なものは補償や補助事業などによってある程度償うこともできるが、自然破壊への影響は回復不可能の場合が多い」。「利水・治水問題を多目的ダムの建設によって安易に解決するやり方はいま転換を求められている」。

二十余年前の論文であるがいまも新鮮である。

脱ダムの動き

二〇〇一年二月二〇日に、田中康夫長野県知事（当時）が発表した「長野県に於いては出来得る限り、コンクリートのダムを造るべきではない」といういわゆる「脱ダム宣言」は多くの国民に衝撃を与えるとともに共感を呼び起こしたことは記憶に新しい。

ダムが社会環境や河川環境を破壊し、生態系に大きな影響を及ぼすことが指摘されるようになり、人工のコンクリートのダムに頼るよりは、森林を整備して、自然の〝緑のダム〟としての機能を発揮させるべきであるという声が大きくなっている。

コンクリートのダムの寿命は数十年、長くても一〇〇年といわれている。コンクリートが劣化すれば補修費がかさむ。ダムの堆砂が進めば貯水量が減少し、ダムはダムとしての機能を失う。堆砂の除去にも多額な費用がかかる。堆砂は海岸線の後退を招いているし、排砂すれば沿岸漁業に被害をもたらす。

天竜川の泰皐ダムは、建設後僅か三年で貯水容量の五三％が埋没し、八年で堆砂率は九六・五％に達した（『水資源を考える』山崎不二夫編著、三共出版）。

機能を失ったダムの存在はかえって洪水の原因となり、決壊すれば大水害を引き起こす。いくつものダムの決壊により、ダムの安全神話も崩壊した。イタリアのバイオントダムの決壊では二六〇〇人の犠牲者を出している。一〇〇年後、機能を失ったダムの撤去費用の負担まで考えると、これ以上コンクリートのダムは造るべきではない。

これに対して、〝緑のダム〟としての森林の治水・利水を含む多くの公益的機能は、歳月を重ねるにつれますます充実してくる。

竹下敬司九州大学名誉教授は、「森林土壌は、一朝一夕で出来たものではなく、現在の土壌の孔隙組成ができるまでには、五〇〇年から一〇〇〇年の長年月を要し、その間、多種多様な植物環境の影響を受けてきたものと考えられる」と述べている。健全な森林が豊かな森林土壌を生み出すには多くの歳月が必要だが、その森林土壌が〝緑のダム〟として水源涵養の働きをしているのである。

コンクリートにも寿命がある

小林一輔東京大学名誉教授は、『コンクリートが危ない』（岩波新書、一九九九年）において、以下のように述べている。

「コンクリート構造物の寿命は、一般にどのくらいなのだろうか？　人間に寿命があるように、コンクリートにも寿命がある。使用に耐えられなくなって、補修やとりこわし、つくりかえなどが必要な時期がいつかはやってくる」。「耐用年数には経済的耐用年数、機能的耐用年数と物理的耐用年数がある」。「機能的耐用年数は、建設された構造物が時代の変遷とともに、期待される機能をはたせなくなったという耐用年数の観点から算出される耐用年数である」。「一方、物理的耐用年数は、構造物の性能低下によって決まる寿命であって、安全性の見地から機能的耐用年数や経済的耐用年数よりも長くなければならない」。

ダムの機能的耐用年数は堆砂によって左右され、物理的耐用年数はコンクリートの経年劣化によって決まる。

一九九〇（平成二）年に総務庁が行なった行政監察によると、全国七五八のダムの四分の一で、当初予想されたスピードの二倍以上のスピードで堆砂が進んでおり、堆砂率七〇％以上のダムが一六カ所もあった。平成一一年になって、建設省も八つの地方建設局ごとに、一ないし二カ所の川を選び、解決方法を実験しているが成功例はない。ダムは二〇世紀最大の産業廃棄物として、手の施しようがないまま放置されようとしている（民主党・緑のダム構想より）。

「大気中に含まれているわずか三五〇ppmという微量の二酸化炭素が、コンクリート構造物の経年劣化を引きおこすのである」。「コンクリートの経年劣化は表面から内部に進行する逐次的な劣化現象である。したがって、コンクリートの経年劣化は二酸化炭素の侵入によるコンクリートの劣化速度によって支配される」。

「炭酸化の速度が鉄筋腐食の開始時期を左右することになる。それでは、炭酸化の速度を支配する要因は何か？　コンクリートの透気性とアルカリ性である」。

ダムにとってもう一つ問題になるのは「疲労破断」である。ダムは上流よりの強い水圧を受け続ける上、地滑り地に造成されれば、常に地滑りの圧力を受け「疲労破断」をする危険性もある。

アルカリ骨材反応によるコンクリートの劣化

アルカリ骨材反応も問題である。

「アルカリ骨材反応は、コンクリート中で、素材である岩石（骨材）中のシリカ分が強アルカリによって溶解する現象である。シリカは石灰岩を除く岩石中に四〇～八〇％含まれている、ごく一般的な鉱物である。シリカが溶けるということは、岩石が溶解することを意味する。岩石が溶解することはコンクリートが崩壊することである。シリカは石英のような結晶であれば安定であるが、それでもpHが一〇を越えるような高アルカリ性の水に対しては、一〇〇ppmくらいは溶解する。これが非結晶になると、アルカリ性の水に対してはきわめて溶けやすくなり、pH一〇の場合の溶解度は一〇〇〇ppmに達する。このことは、シリカを含んでいるすべての岩石は、コンクリート中のアルカリ濃度がある限界を越えると溶けはじめるということを意味する」。「岩石鉱物学的に見たアルカリ反応性の目安は、非晶質のシリカを含む安山岩や流紋岩などの火山岩、チャートや頁岩などの堆積岩である」。

「はげしい造山運動がくりかえされて形成されたわが国には、アルカリ反応性鉱物を含むこれらの火山岩、堆積岩および変成岩は各地に存在する。これらを骨材として使用したコンクリートに、アルカリ骨材反応を発症させる引き金の役割となったのが、過剰のアルカリ分を含むセメントであった」。

「セメント中には、酸化ナトリウムや酸化カリウムとして分析されるアルカリ分が約〇・五〜〇・六％（酸化ナトリウム換算）含まれている。アルカリ分の大半は、セメントの製造原料の一つである粘土に由来する。セメント原料として用いられる粘土は頁岩、粘板岩、泥岩などである。これらには、アルカリをつくるナトリウムやカリウムを含む長石や雲母などが、構成鉱物として存在している」。「コンクリートをつくるためには、セメント一トンに対して約七トンの骨材が必要である」。

毎年大量の岩石材を消費すると、利用可能な岩石資源は枯渇する。小林は、骨材供給の推移の図を示し、前者として骨材需要の増大の傾向を述べ、資材の枯渇に関し、「もう一つは、一九六四年の東京オリンピック開催の年を境として、採石、海砂、陸砂、山砂など多様な骨材が使われはじめたことである。後者の傾向は、良質な河川骨材の枯渇によるものであるが、アルカリ反応性の採石や多くの塩分を含む海砂のように、コンクリートに有害なものが入ってくることは避けられない。海砂の問題点は、ただ単に塩化物を含んでいることだけではない。全般的に見て物理的性質が劣るものが多い」と述べている。また、以下のように述べている。

「原料中に含まれる少量のアルカリは、燃料から供給される硫黄分と結合し、焼成過程で低融点のアルカリ硫酸塩を形成する」。「アルカリ硫酸塩を多く含むセメントを使用した場合」、「まず、コンクリートを打ち込んでから数年から十数年を経過した後に顕在化する劣化現象がある。これが先に述べたアルカリ骨材反応である。場合によっては硫酸塩膨張という劣化も起こる」「一九八三年、わが国でもアルカリ骨材反応が発生していることが明らかになったが、当初はもっぱら反応性岩石をチェックすることが強調された」。

近年は酸性雨の問題もあり、コンクリート劣化の要因は増大している。

「わが国におけるコンクリート構造物の劣化に関する研究は、明治・大正の欧米模倣時代を脱却しはじめた昭和初期に、その源泉を求めることができる」。「建築分野では主に鉄筋コンクリート構造物の耐久性という観点から中性化に焦点が絞られ、土木分野ではダムの耐久性が中心課題となった。ダムは寒冷地につくられるので、凍結融解作用のくりかえしによる物理的劣化現象が研究対象になった」。

ダム建設の技術者に化学の知識を

「より根本的な原因は、コンクリート工学の研究者が土木工学科と建築学科出身者によって構成されているという、同質性の弱点にある。土木工学科や建築学科の出身者は概して力学などの物理的分野は得意とするが、化学は苦手である。ところが、アルカリ骨材反応や鉄筋の塩分腐食は、いずれも化学反応によって進行する劣化現象であり、化学に関する基礎知識なしには解明の手がかりすらもえられない。それだけではない。これらの劣化現象は、化学でも工業化学以外に電気化学や物理化学にも関連し、さらに、金属学や岩石・鉱物学などにも深く関わっている。たとえ、コンクリート構造物の早期劣化現象に関する情報がえられたとしても、これらの境界領域分野の研究者の協力なしには解明は進まないことになる」（小林一輔）。

ダム建設の技術者のほとんどは土木工学科の出身者であり、構造設計などの物理的分野には強くても、アルカリ骨材反応や鉄筋の塩分腐食などの化学的分野への知識は必ずしも十分ではない。まして森林に関しての知識はほとんどないので〝緑のダム〟の効果について評価できないのだろう。

いま国道・県道に架かっている橋梁のコンクリートが劣化してひび割れが出始めているケースが増えている。補修のため交通止めの箇所が各地でみられるという。ビルなどの建築物は三〇年から五〇年で建て替えるので、コンクリートの経年劣化についても、確認されれば立て替えを早めるなどの対応が可能であるが、ダムの経年劣化はこのような対応が不可能である。

ダムの耐用年数のうち、機能的耐用年数は堆砂のスピードに左右される。このことは設計段階で計算されているが、これも長くて一〇〇年程度で、堆砂が進めば貯水容量も減少する。ダムとしての機能を失った後のコンクリートのダムは無用の長物と化した産業廃棄物である。二〇〇年後、三〇〇年後……一〇〇〇年後の世代の人たちは、経年劣化したダムの決壊に怯えて生活するか、無用の長物となったダムの撤去費用に莫大な経費をかけることになる。

ダム撤去の問題に直面する

アメリカでは、ダム建設時代の初期に建設された小規模ダムの撤去が始まり、その数は五〇〇を超えるといわれている。ダム撤去の理由としては、「経済的な観点から見て時代にそぐわない」「構造的な老朽化」「安全性の考慮」「法的・財政的な責務」等々が述べられている。撤去後には、「環境への物理的影響」「生物学的結果」「経済的側面」「社会的な側面」等々の問題が残るという（『ダム撤去』青山己織訳、岩波書店、二〇〇四年より引用）。

撤去すれば元の自然環境がすぐに取り戻せるわけではない。

熊本県では、二〇〇二（平成一四）年一二月の定例県議会で、潮谷義子前熊本県知事が荒瀬ダムの撤去を表明した。わが国初のダム撤去といわれ、二〇一〇年には撤去を開始する方針だった。

しかし、二〇〇八（平成二〇）年三月に新たに熊本県知事に就任した蒲島郁夫は、同年六月、「撤去費用が予想より高くなり、存続した場合より県の負担が数十億円増えそうだとの理由から撤去を凍結。十一月には、ダム撤去の費用がかかりすぎるという理由から存続を決めた。当初六〇億円と見込まれていた撤去費用が、十一月には九一億円となることが判明したからだという。存続には八七億円かかるが、県の実質負担金は一六億円と少なくなるので、県財政への影響が少ない存続を選んだとのことである。「ダムがなくなれば、ダムを管理する職員は不要になる。彼らは理屈をならべて費用をつり上げて県民をあきらめさせたいのでは？　知事もこれを信じちゃったのかも」と「美しい球磨川を守る市民の会」代表の出水晃さんも知事の姿勢を批判する（関口克巳『東京新聞』二〇〇九年一月二五日）。

撤去すべきダムが、財政上の理由から撤去できないというのは現実である。計画段階で、ダムの総事業費にダム撤去の経費も費用として計上しプールしておくべきである。

前章で述べた赤谷プロジェクトでは、高さ七メートル、幅二七メートルの砂防ダムの中央部の幅一〇メートル弱が基礎ごと撤去される。五〇〜六〇年代は森林伐採で流域の山肌が露出していたので砂防ダムが造られたが、現在は樹木が茂って土砂流出の危険が低下したと判断し、「渓流環境の保全」の見地から、砂防ダムの一部撤去が決まったとのことである。工事は二〇〇八年秋から始まる予定だったが、近くでクマタカの営巣が見つかったので延期となり、〇九年に着手することになるという（『朝日新聞』二〇〇八年一一月二日より）。地域住民の森林環境保全の熱意が、国有林内の砂防ダム撤去に結びついたものである。

これまでのダム問題では砂防ダムはほとんど取り上げられていなかった。無数の砂防ダムにより多くの渓流環境は破壊されてきたが、山奥のため見過ごされてきた。しかしいま、「底抜け」という現象で各地で砂防ダムの倒壊が始まっている。これら倒壊した砂防ダムの残骸のコンクリートが渓流に放置されている。集中豪雨により土石流として流下すれば、下流に甚大な被害をもたらすことになるだろう。山奥に放置されたコンクリートの固まりにこれまで無関心だった我々は、「経年劣化」のツケを払わせられることになる。

わが国の各地で造られてきたコンクリートのダムは、コンクリートの劣化により、やがて物理的耐用年数を終えることになる。老朽化し安全性に問題が出てきたとき、果たして撤去できるのか？　後の世代に膨大なツケを回しても、いま我々は自分たちの当面の利益のためにコンクリートのダムを造り続けるのか？

これに対して、〝緑のダム〟としての森林は、時が経つにつれてその機能は増大し、我々が受ける恩恵は計り知れず、撤去問題も起こりえない。

コンクリートのダムは、治水、利水の機能しかないが、〝緑のダム〟としての森林には、治水・利水の他、多くの公益的機能がある。

国家一〇〇〇年の大計を考えれば、コンクリートのダムを建設するよりは、〝緑のダム〟としての森林の整備をすべきである。

山崎不二夫も、森林の水源涵養機能は、「ダムが豊水時の河水を貯留し、渇水時に放流して渇水量の不足を補う機能と同じであり、しかもダムが水源地のコミュニティを破壊し、さらに上下流の水環境を悪化させるのにたいし、森林は土壌侵食や山崩れを防ぎ土砂の流出を減少させ、水質浄化機能にもすぐれ、水環境を改善する力をあわせもっている」ので、「今後は水源涵養林の整備拡充をもっと重視すべきである」（『水資源を考える』三共出版）という。

いま、全国の森林の荒廃が憂慮されていて、このまま放置すれば森林土壌は流亡し、森林のもつ〝緑のダム〟としての機能も低下する恐れがある。森林の整備こそ、まさに急務である（『なぜダムはいらないのか』より）

［追記］

1　荒瀬ダムの例でも分かる通り、撤去するにも九一億円、存続するにも補修には八七億円が必要となる。わが国の二五〇〇基のコンクリートのダムは、数十年後には順次、撤去か補修かを迫られることになる。

2　コンクリートダムの建設に使用される骨材を採取する山を原石山という。原石山からの骨材採取により、原石山の環境破壊も著しい。コンクリートダムによる環境破壊は、ダムサイト周辺にとどまるものではない。

おわりに

戦後、日本の林業政策は多くの誤りを犯した。

民有林行政においては、「密植短伐期」「一斉単純同齢林」「拡大造林」の推進である。

国有林行政では、「国有林野事業特別会計の誤用」「国有林野経営規程の暴走」と「財政投融資資金からの無謀な借入」である。

いま日本の森林は、間伐の手遅れで、森林荒廃の危機が叫ばれているが、これは昭和三〇年代から四〇年代にかけて林野庁が推進した「密植」造林の後遺症である。密植した人工林の間伐材は、足場丸太として出材できるはずだったが、「鉄パイプの足場は滑りやすいからやはり足場丸太だ」といっていた建築関係者もいまはすっかり鉄パイプの便利さに慣れて、今更、足場丸太に戻りそうもない。そのため間伐材は伐っても売れないので、間伐されない状態の細い木が線香林となって山に林立している。

「短伐期」林業では、今頃、伐期に達している人工林も出始めるはずだったが、五〇年生の若齢林では、伐採しても採算が取れず、伐ったあとの造林費用も出ない。もし「短伐期」林業を繰り返したなら、将来の地力の減退は避けられない。森林生態学者の意見にも耳を傾けるべきである。

「中・長伐期」林業に方針を変更するとしても、主伐まで収入減を覚悟しなくてはならない。しかも遅れている間伐は着実に実行しなくては、森林は風雪被害にあう恐れがある。

「拡大造林」で針葉樹人工林に林種転換した薪炭林の一部は、手入れを怠ったため不成績造林地になっている。造林学者は、日本で人工林化できるのは森林の三割程度だといっていたが、いま四割にあたる一〇〇〇万ヘクタールの人工林を抱えているので、その一割近くが不成績造林地になるのは予測できたことである。

これから薪炭等の木質エネルギーは貴重な存在になると思われるが、二五年周期で、それほど手を入れなくても維持できて、毎年、収入が確保できる「萌芽更新」に戻ることは簡単なことではない。もっとも下刈りを手抜きしたので広葉樹が優勢になった「混交林」なら、もう一度林種転換をして矮林（低い林）に戻れるかもしれないが。

密植した造林地の間伐については間伐補助金を増額して間伐を実行すること。伐期を延ばした「中・長期」林業には〝つなぎ〟の収入を補助し、〝緑のダム〟としての森林を保続する林家には、森林組合等にピンハネさせないように直接、所得を補償する必要がある。戦後、林野庁がやった指導と反対のことをすれば、案外、活路が開けるかもしれない。

国有林をどうするかについては、笠原義人宇都宮大学名誉教授らの提言もあるが、政治に翻弄され、学閥人事を続けてきた林野庁には、思い切った改革をすることはできないだろう。

かつては、山林局には多くの優れた林業技術者がいたという。

大正末から昭和の初めの「天然更新」を巡る論争は、語り種になっている。秋田営林局に岩崎準次郎、青森営林局に松川恭佐、高知営林局に小寺農夫、熊本営林局に田中波慈女と論客が揃っていた。これらの論客が、日本林学会の学会誌に競って論文を投稿して技術論を戦わせていた。「昭和三年の林学会大会は、天然更新をめぐって学界が真っ二つに割れて論争した（森巌夫）」という。

東京営林局の平田慶吉局長は、メラーの『恒続林思想』を翻訳したが、「この人は極端な天然更新論者だった。苗木は全部焼き捨てさせたなんていう逸話も残っている。下刈りもさせなかったらしいよ（三浦辰雄）」「それは極端だな（森巌夫）」（『素顔の国有林』）。平田は事務官で、林業技術者でなかったので、翻訳した『恒続林思想』は、いま読んでみると消化不良の感じがする。

戦後しばらくは、林野庁には、われわれの記憶に残る論客はいたが、小沢今朝芳技官以後、途絶えてしまったようである。

戦前の官僚制度は文官重視で、技術者が冷遇されていた。

四手井綱英京都大学名誉教授は、「技術者の待遇改善運動が活発になった。ところが大学出、専門学校出、農林学校出と三種類いて、それぞれが出身別の集団を作ってやるから、これがかみ合わないんです。私なんか虚心に見ると、林業の技術そのものについては、大学出より専門学校出の方がすぐれている場合が多い。しかし営林署長あたりで互いにポストをめぐる競合がある。局の課長でも競い合う。それで協力して運動することができにくかった。政府の各機関の中でも技術者の運動が一番早かったのは山林局ですね。（中略）ただ、いま林野庁がほとんど技術者になったからといって、よくなったかというと、林業の技術面ではかえって悪くなっている。このことを私が悪口いうので、だいぶ前から林野庁の委員には何もなっていません。私はどうやら鬼門らしくてね、事務官の中の一人が、私を委員に推薦したのがいたら、あんなんに頼むな、と怒られたというからね。私は何も外から悪口をいっているんじゃなくて、もとの林野庁の役人やってたんや。その古巣がちっとも日本の森にいいことせんから文句いうんやと。そやけど、聞きやせん」（『森の人四手井綱英の九〇年』森まゆみ、晶文社）。

「労組にも学閥人事」ということで、熊井一夫元日林労中央執行委員長も、「役所はあいかわらず官学という学閥中心主義で動いており私学出身者には開かれていない」。「林野本庁や営林局の組合幹部たちは、役所と同じような感覚の学閥人事にあぐらをかいているんです。たとえば委員長は「緑会」（大学林学系出身者）か「専友会」（旧高等農林学校出身者）でなければならないとか、書記長は「林和会」（高校・私大の出身者その他）といったぐあいにね」。他に「専攻科」

（林野庁の林業講習所専攻科課程修了者）も含め四グループある。形式的には任意の親睦団体であるが、事実上、人事などについてもかなり強い発言力を持つ（『素顔の国有林』）。

戦後、林野庁長官は技術者が就任しているが、それも、ほとんど東大が占め、ときに旧帝大の出身者が就くという学閥人事である。その後事務官の巻き返しにより、林野庁次長ポストを作っての「たすき掛け」となり、現長官は事務官出身者である。

林業技術者が技術を忘れ、学閥人事にうつつを抜かし、上昇志向、権力志向で、出世コースを目指して走るだけというのでは、林野庁にもはや明日はない。

「利益代表、陳情団体から脱皮します。日本学術会議は、『中立的で信頼される科学者集団』への改革案をまとめた」（『毎日新聞』二〇〇二年四月一九日）。「日本学術会議は、二〇〇二年に、『社会が求める中立的で信頼できる科学的見解を提供する』と宣言している」。「全国約七三万人の科学者を代表する学術会議が時の政権に左右されず、ボトムアップ的な機能を生かして政府や社会に有効な助言、提言を行なえるように、政府と学術会議は知恵を絞る必要がある。（中略）今回の改革が成功しなければ、『もう学術会議はいらない』という声が高まるだろう」（『毎日新聞』社説二〇〇二年五月一九日）。しかし、業界や特定の官庁の代弁者としての体質は変わっていない。

森林の公益性の評価（第2部第1章）にあたり、国土交通省や建設業界の意向に添って、〝緑のダム〟の機能を低く評価した「答申」を出した日本学術会議には、〝恥を知れ〟といいたい。

これは明らかに、国民の信頼を裏切る行為である。

科学者の公選制による学術会議の復活を望みたい。

［著者略歴］

藤原　信（ふじわら　まこと）

1931年千葉県生まれ。
東京大学農学部林学科卒業。
東京大学大学院農学研究科博士課程修了。
東京大学農学部助手、宇都宮大学農学部森林科学科教授を経て、
現在、宇都宮大学名誉教授。農学博士（東京大学）。
思川開発事業を考える流域の会前代表
元長野県治水・利水ダム等検討委員会委員
元大芦川流域検討協議会委員
元環境政党「みどりの会議」運営委員
［主著］『自然保護事典』（共著）緑風出版。
『なぜダムはいらないか』緑風出版
『リゾート開発への警鐘』（共著）リサイクル文化社。
『検証リゾート開発』（共著）緑風出版
『日本の森をどう守るか』（岩波ブックレット）岩波書店
『真の文明は川を荒らさず』（共著）随想舎
『「20年後の森林」はこうなる』カタログハウス出版部

〝緑《みどり》のダム〟の保続《ほぞく》——日本《にほん》の森林《しんりん》を憂《うれ》う

2009年6月20日　初版第1刷発行　　定価2200円＋税

著　者　藤原　信©
発行者　高須次郎
発行所　緑風出版©
〒113-0033　東京都文京区本郷2-17-5　ツイン壱岐坂
［電話］03-3812-9420　［FAX］03-3812-7262
［E-mail］info@ryokufu.com
［郵便振替］00100-9-30776
［URL］http://www.ryokufu.com/

装　幀　斎藤あかね
制　作　R 企 画　　印　刷　シナノ・巣鴨美術印刷
製　本　シナノ　　用　紙　大宝紙業　　E1500

ISBN978-4-8461-0906-6　C0036